藤島弘純

雑草の自然史

染色体から読み解く雑草の秘密

築地書館

田んぼの雑草たち

以前は、田んぼでふつうに見かけた雑草だが、圃場整備後はほとんど姿を消したものを、長い間田んぼを歩いて観察してきた体験から、希少種に近いものからかなりふつうに見られるものという順に並べた。おもな生息場所を示してある。

❶ミクリ（ミクリ科）
水路に生えるが、水深が深くなりすぎると消える

❷ヘビイチゴ（バラ科）
田のあぜや農道わき。最近は外来種のオヘビイチゴがよく見られる

❸セリ（セリ科）
里山の谷あいから田んぼの水路、耕地内。春の七草のひとつ

❹ウリカワ（オモダカ科）
田んぼのなかの湿った耕地

❺マコモ（イネ科）
水路や河口近くの流速の遅い水域に生えるが、現在は生育場所が限られる。根茎はカモ類の餌として貴重

3

5

4

7

8

6

9

❻ネジバナ（ラン科）
田んぼのあぜに生える唯一のラン科植物。コンクリート化と外来種の侵入で激減
❼ムラサキサギゴケ（ゴマノハグサ科）
湿ったあぜ
❽トキワハゼ（ゴマノハグサ科）
ムラサキサギゴケよりもやや乾燥気味のあぜ
❾コオニタビラコ（キク科）
湿り気のある一毛作田の耕地内
❿オオジシバリ（キク科）
田んぼのあぜ
⓫タカサブロウ（キク科）
田んぼのあぜ。乾田化後は各地で消えた
⓬ゲンゲ（マメ科）
日本の在来種ではないが、緑肥にするため田んぼで育てた

⑬ミゾソバ（タデ科）
水路側壁に群がって生える。小川の止水域にも生える
⑭イ（イグサ科）
水路や自然の湿地。畳表のイグサは本種が栽培化されたもの
⑮ミゾカクシ（アゼムシロ：キキョウ科）
田んぼのあぜ

⑯スズメノテッポウ（イネ科）
水田型（種子が大きい）と畑地型（種子が小さい）がある。畑地型が多く見られるようになった。写真は水田型

⑰ナワシロイチゴ（バラ科）
田んぼの農道側壁

⑱ヌマトラノオ（サクラソウ科）
水路側壁に群生。まれにしか見つからない

⑲オオユウガギク（キク科）
関東以西にオオユウガギク、以東にユウガギクが生える。田んぼのあぜや水路の堤防。地域によっては見られなくなった

⑳ノアザミ（キク科）
農道壁や水路土手。初夏に開花するアザミは本種のみ
㉑圃場整備をしていない田んぼの景観（愛媛県東温市）
このような田んぼには、さまざまな雑草や小動物たちが生息している

⑳

㉑

雑草の自然史

染色体から読み解く雑草の秘密

はじめに

私たちは、日本という暖かくて雨の多い、気候にも恵まれた、四季の変化に富んだ国土に生まれた。小川のせせらぎを聞き、身のまわりの植物たちを遊び道具にし、時にはそれらで味覚を満足させ、清水でのどをうるおし、自然の恵みのなかで育ってきた。だから、今の大人たちは、山の谷あいにはつねに清水が流れ、木や草は野や山に当たり前のように育ち、花をつけ、茂るものであるかのように思って、日本の国土で生きてきた。

しかし、日本のように水に恵まれ、草や木が茂り、森を伐採してもすぐに樹木が再生してくるような国土は、地球上にそんなに多くはない。開発先進国のなかで、国土の七〇％に森があり、野生のサルが住んでいる国は、日本だけだ。こんなにも自然に恵まれた国は、世界的にもめずらしい。

水と緑に恵まれた国土では、農地から雑草を除去することは大切な農作業の一つである。

樹木や草たちは、自然のなかで勝手気ままに生きているのではない。人間が社会をつくり、いがみ合い、助け合いながら生きているように、彼らは互いに激しく生存競争をし、時には助け合って生きている。このことに最初に気づいたのはスイスのB・ブロンケ（一八八四－一九八〇）で、彼ら夫妻は植物社会学という新しい学問分野を開拓していった。

農地に生きる雑草たちも例外ではないだろう。人の農作業や栽培植物との深い関わりのなかで、彼ら独自の生活空間をつくり上げているはずだ。


地球が誕生したのは四六億年前、その後少しずつ自らの環境を変えながら、三〇数億年前には生命を誕生させた。誕生した生命体も、地球環境の変化とともに多くの種を誕生・分化させ、あるものは消え去り、今日見るような生物界を形成した。

三〇数億年の生命進化の歴史のなかで、人類の歴史はわずか五〇〇万年、農業の歴史はたかだか一万年にすぎない。この瞬時ともいえる短い期間に、人は地球上の多くの森を伐りつくして農地に変えた。


この農地に侵入して生きる植物群を、農学的には「雑草」と呼ぶ。ここでいう雑草は、文学的（日常的）表現の雑草とは違う。

地球の表面には、地震や洪水などで自然発生的に崩壊地ができる。そうした新しい環境（荒地）には、他種との生存競争に弱い植物（荒地植物）が、生きる場を求めてやって来る。農地は人によって定期的に攪乱される人的荒地だ。荒地植物から農耕地で生きる雑草が生まれた、と考えられている。

本来的には荒地植物である雑草は、人によって農地が定期的に攪乱（起耕や草刈り）されることで、農地に生きつづけることができる。

地球上の生物は、地質年代的時間の流れのなかで進化し、子孫をつないで生きてきた。農地という新しい環境に適応して生きる雑草たちは、山野草にはない種分化の段階を、あるいは違った道筋をもっているかもしれない。これが雑草たちへの単純で、かつ観念的な疑問だ。

この疑問を、遺伝子の集積場である染色体を見ることで明らかにしてみたい。そんな思いで雑草の染色体調査をスタートした。


田んぼに生える雑草の一つ、キツネノボタンは、九州も四国も、また北海道も、植物分類学的にはみな同じキツネノボタンである。しかし、染色体を調べてみると、日本中のキツネノボタンがみんな同じ染色体の形（核型《かくがた》）をしているわけではなかった。日本のキツネノボタンには、核型の違う四つのグループがあり、日本列島の田んぼを住み分けていた。

雑草の染色体を、彼らの種分化という視点で調べていくうちに、雑草は「農地」という二次的自然を形成した大切な植物群だということ、そして、私たちの先祖は、農地から雑草を排除しながらも雑草とともに生きていたこと、日本の田んぼはみな個性豊かな田んぼであったことを、雑草たちは教えてくれた。日本列島に生きた先人たちが、いかに豊かな自然をわれわれに残してくれていたかを改めて感じる日々が続いた。

だが、「農業の近代化」という名目で、この四〇年ばかりの間に行なわれた圃場《ほじょう》整備事業は、万葉の時代から日本人が綿々と守りつづけた田んぼの水環境を一変させた。日本の田んぼに適応して生きてきた多くの小動物や植物たちが住処《すみか》を失った。ある者は絶滅し、ある者は消滅寸前になった。日本人の心を癒した田園の景観は、ほとんど消滅した。田園が果たしてきた子どもへの教育力は、完全に無視された。

田んぼからメダカやドジョウが去り、子どもの歓声が消え、イネだけが青々と茂る姿には、R・カーソンの『沈黙の春』を連想してしまう。

この本は高校生や大学生などの若い人たちも読んでくれることを期待して書いた。そのため、生物学の専門用語は使用しないように努めている。

第1章から第5章では、田んぼや畑で誰もがふだん目にする雑草を例にして、彼らの染色体から読み取れる種分化の多様性と歴史性とを明らかにした。そこからは、雑草の外部形態からはうかがい知ることのできない、彼らの多様性が見えてくる。

雑草の染色体を調べることは、雑草たちが日本の風土に適応してどんな生き方をしてきたのかを明らかにすることでもあった。それは同時に、日本という国土のなかで、われわれの先人たちが世界に比類のない豊かな自然をいかに保全し、それと調和しながら生きていたかを浮き彫りにすることにもなった。

第6章では、豊かな田園が圃場整備でいかに壊滅的になったかを、田んぼに生きる雑草や小動物の視点から指摘した。圃場整備を非難するためではなく、圃場整備の難点は難点として認識することで、地域自然の保全を考える際の参考にしてほしいと思ったからである。

田んぼに生きた雑草や小動物たちは生態的にはもっとも弱者であったが、同時に、身近な自然の多様性を維持するための立役者でもあった。この本で述べる具体性を通して、田んぼや畑の雑草への、さらには日常的な自然への理解と関心をさらに深めていただければと願っている。

※染色体の専門的な用語は、多くの読者には無縁な内容かもしれない。できるだけ専門用語の使用は避けたので、全体を理解するためには、少し辛抱して読んでいただきたい。

※本書には多くの研究者の論文を引用させていただいた。巻末に引用文献の一覧を掲載した。また、お名前は原則的に敬称を省略した。欠礼はご寛恕いただきたい。読みやすさを最優先にしたため、引用内容がややあいまいになった箇所もあるが、ご容赦いただきたい。

目次

第4章

ツユクサは有史以前にヒトとともに日本列島へやって来た　107

第5章 マルバツユクサの故郷はアフリカのサバンナ地方 149

第6章 圃場整備で田んぼの生き物が変わった 169

第1章 田んぼの雑草、キツネノボタンの種分化

キンポウゲ科のキツネノボタンは日本中の田んぼに生える雑草だ。ところが、九州には九州の、四国には四国の、北海道には北海道の染色体をもったキツネノボタンが生えていた。いったいキツネノボタンの故郷はどこなのだろう?

雑草と呼ばれる植物たち

高等植物(シダ、裸子、被子植物など)を人との関わり方で、栽培植物、雑草、人里植物、野草の四グループにおおまかに仕分けることがある。主観的で人為的な分け方であるが、身近な植物を理解する方法の一つとして、便利な分け方だ。

栽培植物

栽培植物の代表、イネは、種モミを蒔いて、苗を育て、田に植える。秋に稲刈りをするが、稲刈り後にも株から新芽を出し、葉を広げ穂をつける。しかし、日本では、秋も深まると寒さでイネは枯れる。初夏に人が新苗を育て、世代をつなぐ（**図1**）。栽培植物は人の手を借りてはじめて、この世に生きる。野生では生きられない、生態学的にはもっとも弱者の植物群である。

雑草

農地に生える草本を雑草と呼ぶ。ツユクサは畑地の雑草だ。しかし、道ばたや川の土手にも生える。そうしたとき、ツユクサは人里植物と呼ばれる。田んぼに生えるウリカワやアギナシ（ともにサトイモの仲間）は、雑草としての生き方に徹している。

田んぼや畑は人によってつねに定期的な攪乱（起耕や草刈りなど）を受ける。森に生える野草や樹木の幼木たちはこうした場所

図1　栽培植物のイネ。秋の実り

へは侵入できない。

雑草は農家にとってはやっかい者だ。彼らは、鍬でけずられ、鎌で刈られても農地に子孫を残し、生きつづける。しかし、人が耕作を放棄し、田畑の攪乱が継続されないままになると、人里植物や野草、樹木の幼木たちが侵入し、雑草は駆逐され、やがて田畑は森林に遷移していく。栽培植物に次ぐ生態的弱者が雑草と呼ばれる一群の植物たちである。

「雑草のごとく、雨にもめげず風にも……」といった表現は、雑草を誤解した文学者たちの表現にすぎない。

人里植物

人は自然を破壊することで生活圏を広げ生きている。その人の生活圏へ侵入して生きる一群の植物を「人里植物（荒地植物）」と定義する。雑草も広い意味では、このグループに入る。古くは自然発生的な崩壊地（荒地）を渡り歩いて生きていた野草たちが、人類の誕生とともに、人がつくった荒地に生きる道

図2　オオバコ。農道のへりなどに生え、周りにほかの草が茂ると姿を消す

を選んだと解釈されている。
オオバコ（**図2**）は、典型的な人里植物の一つだ。周りにほかの草（草本類）が生えてくると、いつとはなしに姿を消す。ほかの植物との生存競争には弱い。

野草

原始の自然は残存していないけれど、それに近いような山地や高山、海浜などに生きる植物たちを野草という。イワタバコ（**図3**）やサクラソウ、フウランなどの清楚な草形や可憐な花形は人の心を癒す。彼らは日本列島の地史的な長い時間の流れのなかで、ゆるやかな自然環境の変化に適応し、しかし互いのきびしい生存競争のなかで生きのび、種《しゅ》を維持してきた。

雑草は生えれば刈られ、抜き捨てられる運命だ。しかし、この負荷に耐える方法さえ身につければ、山野での生存競争から解放され、農地で生きられる。

図3　イワタバコ。谷あいの湿った岩場に生える（撮影：井手上光夫）

その方法とは、種子をたくさんつける、散らした種子を一度には発芽させない、土に残った種子は何年にもわたって次々と発芽させる、刈られてもすぐ芽吹く、緊急時には、植物体が小さいままで花をつけ、種を散らす（**図4**）などだ。

視点を変えれば、栽培植物は雑草とともに生きてきたともいえるが、雑草は減収穫につながるという研究論文が一般的だし、常識的だ。しかし、福岡正信（一九八四）は農作業の実践を通して、雑草とともに作物を育てることで丈夫な苗が育ち、無農薬栽培も可能だと主張した。

図4　秋に発芽したウマノアシガタ（右下：矢印は花）と春のウマノアシガタの根出葉（正常）。緊急時には小さい植物体のままで開花・結実する

キツネノボタンとは、どんな草？

キツネノボタンの種子（集合果）が金平糖に似ているところから、子どもたちはコンペイトウ草と呼ぶ（**図5**）。コンペイトウ草は、日本の田んぼでごくふつうに見られた雑草だ。

草丈約三〇センチ、多年草。秋に発芽し、冬に葉を広げ、春に黄色い花をつける。

あぜや水路のへりに群がって生え、抜くと水路やあぜを壊すので、鎌で刈って除草する。だが、根《こん》茎《けい》が残っているので、すぐに新しい芽を出し、周囲の草たちが大きくならないうちに花をつけ、種子を散らす。あぜや土手の草刈りが、キツネノボタンの生き残りを助ける。種子は水に浮き、水に流されて、野ネズミやイタチなどの小動物の体について広がる（中西 一九九四）。

初夏から盛夏の種子は、地表に落ちてもすぐには発芽せず（休眠）、秋に涼しくなってから発芽する。鷹取晟二（一九七九）によれば、休眠の解除には低温が必要だ（**図6**）。

春の種子は休眠することなく発芽し、夏の種子が秋まで

図5 水田や水路にふつうに見られたキツネノボタン。左上は集合果

発芽しない仕組みは、理にかなっている。

春、田植え直後の田んぼには、太陽の光が降り注ぐ。つまり田んぼで生き残れるチャンスは多い。

夏、イネが葉を広げ、あぜにさまざまな雑草が芽生えた田んぼでは、キツネノボタンの幼い苗が十分に光を受け取れる空間は少ない。

秋になってイネが刈り取られれば、再び太陽の恵みは田んぼに広がる。発芽した苗が生き残るチャンスは限りなく多い。

夏の種子が休眠し、秋に発芽する仕組みは、田んぼでイネと共存するためのみごとな適応だ。

日本の雑草の成立

キツネノボタンは、日本のみで見られる植物ではない。ジャワ島、中国、韓国などにも生育している。日本のキツネノボタ

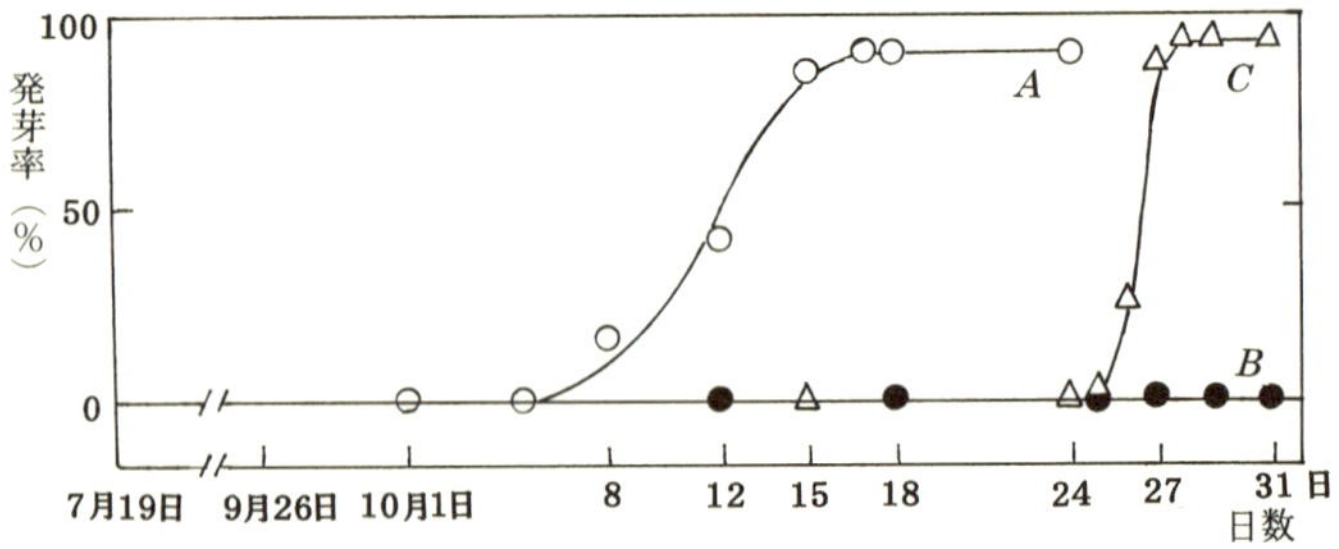

図6　キツネノボタンの種子発芽率と温度条件。A：自然の気温変化、秋に発芽開始　B：温度一定（25℃）、発芽しない　C：A（秋の低温）条件からB（高温：25℃）へ移すと一斉に発芽する（Takatori and Tamura 1978から改変）

ンは、日本列島が大陸との陸つづきであったときに、大陸から来た渡来者なのだろうか。

田んぼや畑の雑草の起源については、二つの道筋が考えられる。

一つは、日本列島がまだ大陸と陸つづきだった氷河期の寒期の頃に、ほかの野草とともに日本列島へ分布圏を広げた。他種との生存競争に弱い彼らは、日本列島のあちこちにできた自然崩壊地のどこかで身を小さくして細々と、しかしたくましく生きていたにちがいない。やがて彼らは、人がつくった田んぼや畑という新天地へ侵入して雑草という生き方を選択した。

もう一つは、史前帰化植物という考えである。前川文夫（一九四三）の提案である。日本へいろいろな農作物が伝わったとき、さまざまな雑草の種子も日本列島へ持ちこまれたはずだという。そうした雑草たちを「史前帰化植物」と定義した。仲尾佐助（一九七一）は、この考えをウメやチャの果樹にまで拡大することを提案している。

前川は、第二次世界大戦中に一兵卒として中国大陸の戦線へ送られた。戦闘の合間に周辺に生える草の種類を見て、日本との共通種が多いことに気づいた。史前帰化植物という考えは、このときの体験から発展させた概念だという。

私もタイの中北部の水田や森林を歩いたことがある。景観もさることながら、足元に生えている雑草も、日本の田舎の田んぼで見た種類が多かった。一瞬、日本の田舎に立っている錯覚にとらわれた。

笠原安夫の調査によれば、日本と東南アジアの田んぼには共通種が多い（Kasahara 1954）。中国大陸南東部や朝鮮半島ではさらに類似性は高まる（竹松ほか 一九七五、一九七六）。

田んぼは、日本列島が誕生した当初から、日本列島に存在していたわけではない。人類が日本列島へやって来る以前は、島全体が深い森に覆われていたはずだ。

今から六〇〇〇～三〇〇〇年くらい前に、畑作や稲作文化をもった人たちが日本列島へ三々五々やって来て、木々を焼き払い、耕地を開いていったと言われている（渡部ほか 一九八七）。今われわれが田んぼで目にする雑草たちの多くは、三〇〇〇年くらい前に、イネとともに日本列島へやって来たのだろうという。笠原（一九七六a、b、一九七九）の稲作随伴植物という考え方である。

古代の人たちは、今の日本人のようにイネと雑草を厳密に区別して水田で栽培したのではないらしい（佐藤 二〇〇二）。イネを収穫するとき、イネの周りに生えている雑草の種子も意に介せずいっしょに採取した。だから、稲作文化をもった日本人の祖先たちが日本列島をめざしてやって来たとき、イネとともに雑草の種子も新天地の日本へ持ちこんだことは当然考えられる。

なぜキツネノボタンの染色体を調べるのか?

田んぼや畑は、深山幽谷の自然とはまるで違った環境だ。日本では三〇〇〇年程度だが、外国では六〇〇〇年以上の農耕の歴史を抱えているところもある。一万年という意見もある。農耕の歴史を仮に一万年としても、地球の歴史が四六億年、原始生命の誕生からは三〇数億年を数える。一万年などは、時間のうちに入らないほどに短い。しかし、その間に雑草という新しい生き方の植物群が誕生した。雑草は、野草には見られない進化の初期的なやり方を内包しているかもしれない。「高等植物が演じる種分化の初期的な段階をさぐるには最適な植物群のはずだ」と、かなり身勝手な理屈を掲げてみた。

この「思いつき」が荒唐無稽かどうかは、調査してみないとわからない。染色体という細胞内の構造物を見ることで、この思いつきの可否をさぐってみることにした。

染色体は遺伝子の集合体であり、遺伝情報の集積場だ。だから、環境の影響を受けて簡単に変異(彷徨《ほうこう》変異)を起こすというものではない。遺伝子の集積場所である染色体に生じた構造的変化(数や形など)や質的変化(DNA分子の変化など)は、その生物の形質(形や性質)に影響する。染色体に構造的あるいは質的変化を起こした個体の集団が世代を継続して維持されはじめると、そうした個体の集団（個体群）を一つの種（ここでは種のレベルは考慮しない）の集まりと考えることができる。染色体の数や形の変化を調査することで種分化、つまり植物の進化の道筋をさぐることができる。植物の進化の道筋をさぐるには都合のよい細胞内構造物である。

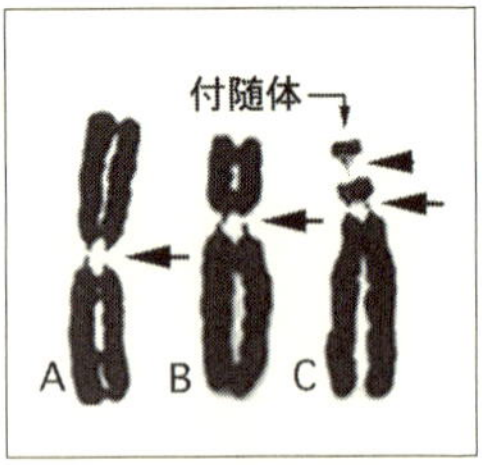

図７　体細胞分裂中期染色体。
A：中部狭窄型
B：次端部狭窄型
C：端部狭窄型
矢印↓：動原体部位
矢じり印▼：二次狭窄部位、これより先端部を付随体という

雑草を研究材料にして、植物の種分化を調べてみようという研究者は、一九六〇年代半ば（昭和四〇年頃）までの日本にはほとんどいなかった。農業は今よりもずっと輝いていた。カエルたちの鳴き声のなかで、牛と農民が一体となって田を起こす姿が見られた時代だ。雑草は農地の厄介者であり、防除の対象でしかなかった。

染色体とは

染色体については、高校生物の教科書にくわしく書かれている。しかし、研究者が研究の現場で使っている「染色体」という語と高校の教科書の解説とは少し違っている部分もあるので、簡単に説明しておきたい。

狭義では、細胞が分裂をするときに、核が変形して現われる棒状の構造物（**図7**）を染色体という。

体細胞の染色体と生殖細胞が減数分裂（42ページコラム参照）で見せる染色体とはその形態や数が違い、一般には体細胞で見られる染色体が研究対象にされる。

染色体の数や形の総体を核型《かくがた》と呼び、染色体の研究では、染色体数や染色体一つひとつの形（長さ、くびれの位置、二次くびれの有無など）が問題にされる。

図8に、キツネノボタンの体細胞が分裂するときの核の変化を示している。

最初は球形であった核（静止期）は、分裂が進行していくとだんだんと形を変

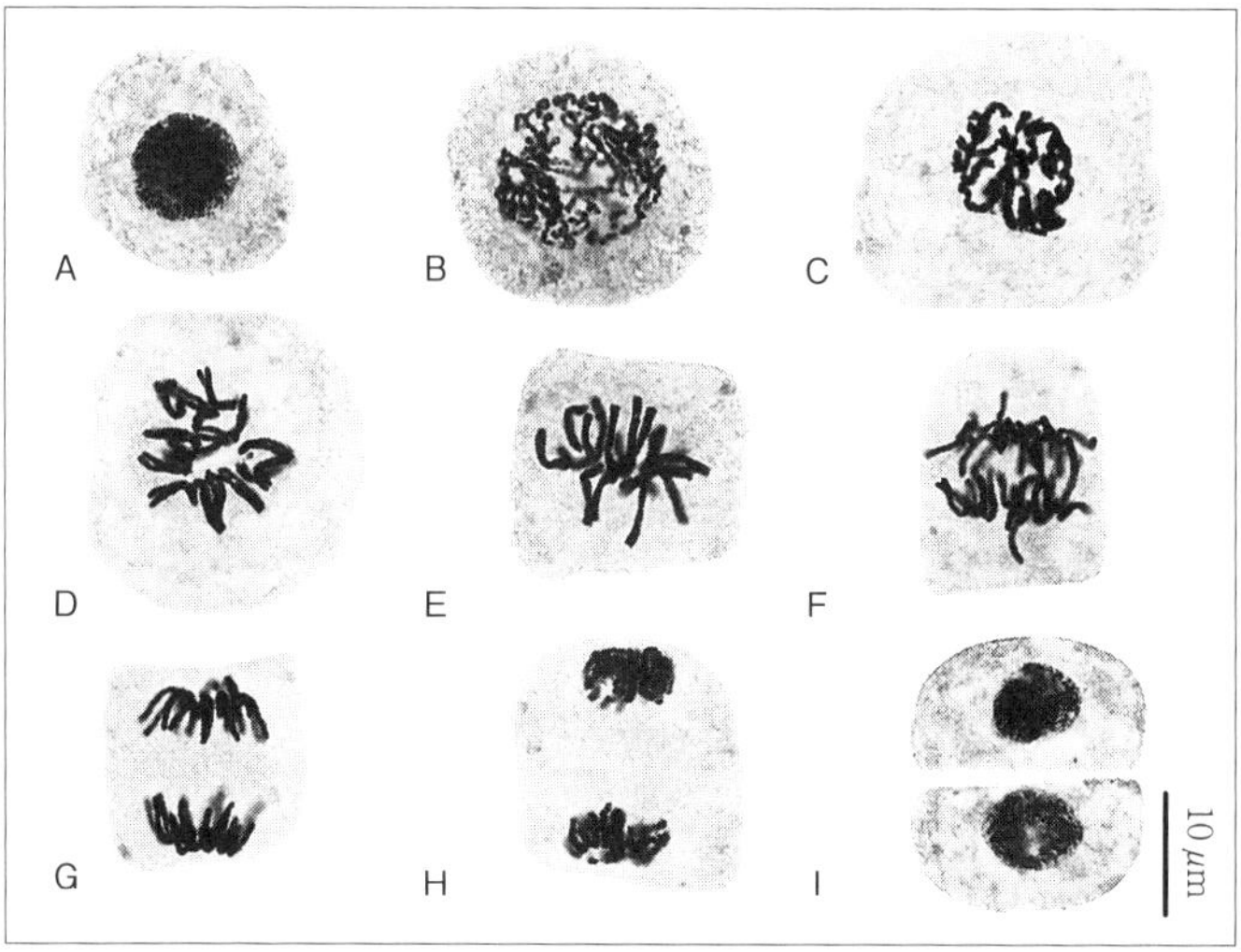

図8　キツネノボタンの根端細胞分裂各期の染色体。A：核（静止期）　B：染色糸（前期初期）　C：染色糸（前期）　D：染色体（極面観・中期）　E：染色体（側面観・中期）　F：染色分体（後期）　G：染色分体（移動期）　H：染色塊（終期）　I：娘細胞（核・静止期）。（藤島 1982 から引用）

えて、分裂の中期には染色体という棒状の構造物になる。そして、二つの娘細胞《じょうさいぼう》に分割された染色体の集合体は、それぞれが再び核と呼ばれる構造物に形態変化して落ち着く。したがって、静止期や分裂前期の塊状や糸状の核も、染色体が形を変えた集合体だと考えて、総括的に「染色体」という語で表現することがある。

一方、核が分裂をする過程で、染色体という構造物に形態的な変化をするのだと考えれば、分裂の前期や中期の染色体群も核の変形（表象）と見なしてよい。したがって、染色体集団の分裂像を前期核とか中期核などと呼ぶこともある。

最近では、ミトコンドリアや葉緑体のなかにも小さいＤＮＡがふくまれることがわかってきた。そうしたＤＮＡ集合体も「染色体」、ウイルスや原核生物の核様体も「染色体」と表現されることもある。

キツネノボタンの染色体は色素に染まらない

染色体を観察するには、いろいろな方法がある。

ふつうは、染色液で染色体を染めて、観察しやすくする。色素で染めやすくするために、細胞を殺す。生物（細胞もふくめて）は死ぬと、生きているときとは違った形（形態）になることが多い。死んで変形したものを生きているときと同じだと誤認して研究しても、生物の真の姿は見えてこない。

細胞を生きたままの形態に近い状態で殺すことを「固定」という。先学者たちの多くが試行錯誤して、そのいくつかの方法を確立している（固定はあくまでも固定であって、生きた状態と同じではないという研究者もいる）。その一つの方法を、キツネノボタンの細胞の固定のために使うことにした。染色体の染色には、研究者が広く採用している方法、すなわちオルセイン色素で染色体を染める「押しつぶし法」という方法を選んだ。

ところが、予期に反して、染色体が色素に染まらない。キツネノボタンの染色体の研究の先駆者である栗田正秀にたずねたところ、キンポウゲの仲間の染色体はそんなものだという。時間をかけて染め上げても、顕微鏡写真にすると、研究者を説得できるほどの画像がフィルム面へ出てこない。ほかの色素もいろいろ試みてみたが、染色体の形態を正確に表現するためには、当時としては「スケッチ」という技法を使うしかないことがわかった。

ところが、栗田が用いたスケッチという技法は、私のキツネノボタンの研究に使うのは非常に難しい。理由はこうだ。

分類学者が判断した種の判定は生物学上正当だということを前提にして、キンポウゲ科植物の種や属（種の上位概念）の間で染色体の形態（核型）がどんな違いを見せるか、その規則性を明らかにすることが栗田の研究の基本であった。この視点からキンポウゲ科の植物（種）の核型を一つひとつ明らかにし、それらの関連性をまとめた業績は、世界的にも貴重な集大成である。こうした研究では、一つの種について二〜三個体からの染色体（核型）を調べ、その核型で種の核型を代表させるという手法が肯定される。

種内のさまざまなレベルで種分化が起こっているとすれば、その変化をいろいろな手法、たとえば外部形態（形態学的変異）や生育地の違い（生態学的変異）などで拾い出してみるのも面白い。

しかし、私は、まず染色体の形態（核型）を地理的分布と生態的分布の二側面から調べることで、種分化の規則性を拾い出すことを一つの具体的な目的にした。

キツネノボタンが「種内で核型分化を起こしている」というのは、単なる思考上の仮説にすぎな

column

キツネノボタンの染色体研究

キンポウゲ科の植物は愛媛大学教授の栗田正秀が研究材料として広く活用していた。キツネノボタンの染色体を最初に観察し、学会報告をしたのは栗田（一九五五）だ。

キツネノボタンは日本中の田んぼに自生する。誰が、どのように使っても理屈のうえからは自由だ。しかし、道義的な立場から、私の研究計画を栗田に見せて、キツネノボタンの使用をお願いした。同時に、研究上の指導や助言もお願いした。

当時、栗田は愛媛大学理学部で植物形態学の講座をもっていた。キンポウゲ科植物の染色体を世界的な規模で研究し、多くの外国雑誌や著書に論文が引

用されていた。

左下の顕微鏡写真の一六個の染色体は、「押しつぶし法」で作成したキツネノボタンの染色体標本だ。この写真のように、染色体を平面上に鮮明に広げることができないと、染色体の数を確定し、形を正確に記録する作業はできない。信頼性の高い研究をするための不可欠な技術の一つである。

一九五〇～六〇年代当時は、顕微鏡で見た染色体を、描画装置（アッペの描画装置がふつう）を使って紙（ケント紙）へ形や大きさを正確に描画した（スケッチ法）。

現在は、精巧な顕微鏡写真撮影装置が開発されているので、顕微鏡に映し出された染色体像をデジタルカメラへ瞬時に記録し、それらをコンピュータへ入力して画像処理をすることができる。こうした精巧で巧妙な技術が開発されていない当時としては、染色体数を数え、その像を正確に記録していくことは、集中力と時間を要する地味な仕事であった。

栗田は、キツネノボタンの仲間（キンポウゲ科）の染色体の形や数（核型）を、外国産の種類もふくめて、染色体数が8の倍数のグループ（n＝8シリーズ）と7の倍数のグループ（n＝7シリーズ）で構成されていること、n＝7シリーズはn＝8シリーズから種分化（系統分化）したことを明らかにしていた（Kurita 1957, 1958a, b）。

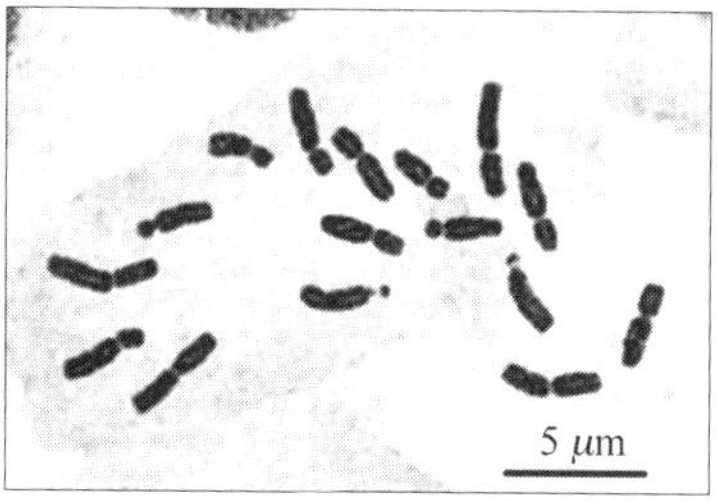

キツネノボタン（松山型）の根端細胞分裂中期染色体、2n＝16。根端をコルヒチン液に浸して染色体を短縮させた後、オルセイン染色する

い。この仮説の当否を証明するためには、多数個体のキツネノボタンの核型を比較検討し、その事実を実証しなければならない。

キツネノボタンは、一九六五年頃には、ほぼ全国の田んぼや湿地にごくふつうに広く分布していた。日本の各地から多数のキツネノボタンを採集し、それら一つひとつの核型を確定していく作業が必要だ。少なく見積もっても、二〇〇〇個体以上のキツネノボタンの核型を精査しなければならない。端的にいえば、時間をかけて染色体を染め上げ、染色体の一つひとつを入念にスケッチするという研究手法は、時間的にも労力的にも使うことができない。

染色体を染める新しい方法の開発

この研究を進めるためには、まずキツネノボタンの根端細胞の染色体を簡単に染め出す方法を見つけ出さなくてはならない。

いろいろと試行錯誤を繰り返していたそんなある日、愛媛大学助手だった黒木酉三から一つの助言を受けた。黒木はスイバ（タデ科）の染色体（核型）の日本列島での地理的変異を調べ、核型変異の規則性を明らかにしようとしていた。

スイバは、一九二三年に、高等植物では世界で最初に性染色体が発見されたことで有名だ。木原均と小野知夫の業績である。しかし、押しつぶし法ではスイバの染色体はうまく染まらない。

ところが、黒木が示す方法だと、スイバの染色体はよく染まるという（**図9**）。この方法をキツネノボタンに使ってみてはどうかという助言である。

同じ方法をキツネノボタンに適用してみたところ、黒木の助言のように染色体はよく染まった。しかし、細胞質も同時に濃く染まってしまい、このままでは、やはり研究には使えない。だが、染色体がよく染まるという魅力は捨てがたい。

染色体が染まったのだから、次には染まりすぎた細胞質部分を脱色すればよいではないか。いろいろな試行錯誤を重ねて完成したのが**図10**に示す方法である。顕微鏡写真にきちんと染色体が写し出される。

この染色法は、ほかの植物でもかなり普遍的に使えることがわかり、以後の染色体研究に威力を発揮することになる。

調査のスタート！

調査は四国からスタートした。愛媛県の水田地帯のほぼ全域をカバーするように調査地点を分散的にとり、一調査地から一〇個体以上を採集して核型を調べた。それらの核型は、栗田の

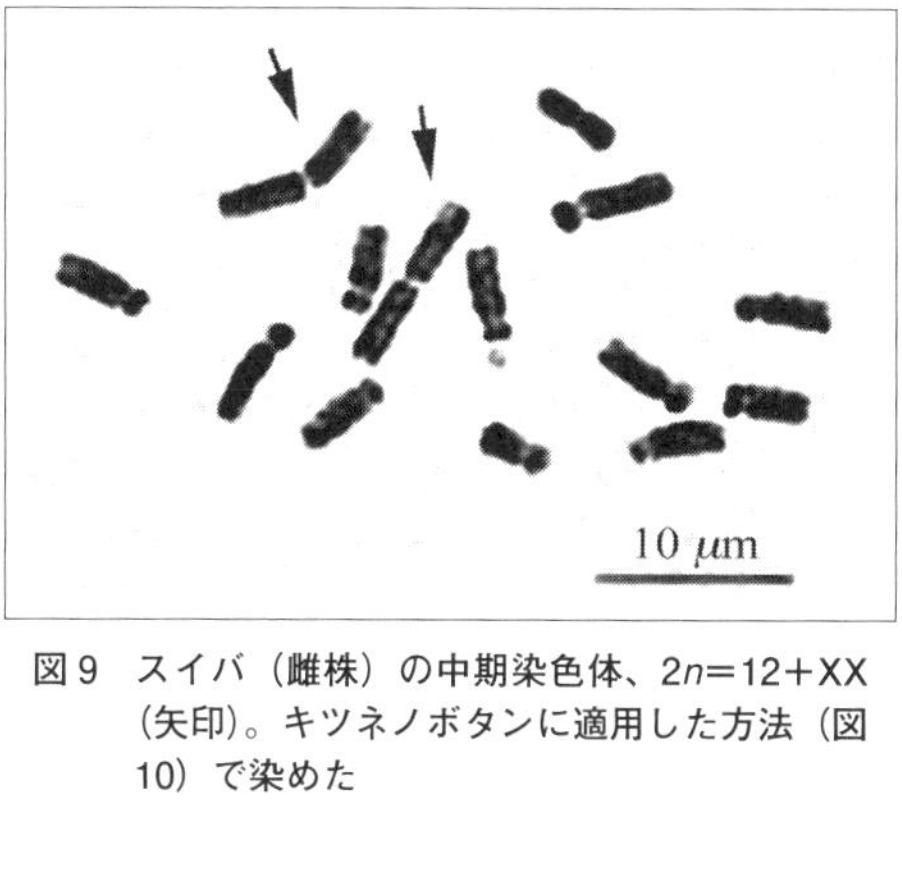

図9　スイバ（雌株）の中期染色体、2n=12+XX（矢印）。キツネノボタンに適用した方法（図10）で染めた

示した核型（松山型と仮称）によく一致した（29ページコラムの写真）。予期した結果だ。高知県西部でのキツネノボタンの核型もすべて松山型だった。四国のキツネノボタンは松山型のみかもしれないと思った（後日の調査で、四国東部のキツネノボタンは松山型とは異なることがわかる）。

次に、九州のキツネノボタンの核型を調べることにした。

四国と九州とは豊後水道という水深の深い海峡で隔離されている。この海峡が障壁となって、九州には松山型とは異なるキツネノボタンが生えているにちがいない、と予想して調査に出向いた。

大分県南部から宮崎県中部で採集したキツネノボタンは、すべて松山型であった。予想はみごとにはずれた。豊後水道を乗り越えて、松山地方と同じキツネノボタンが九州東南部にも広がってい

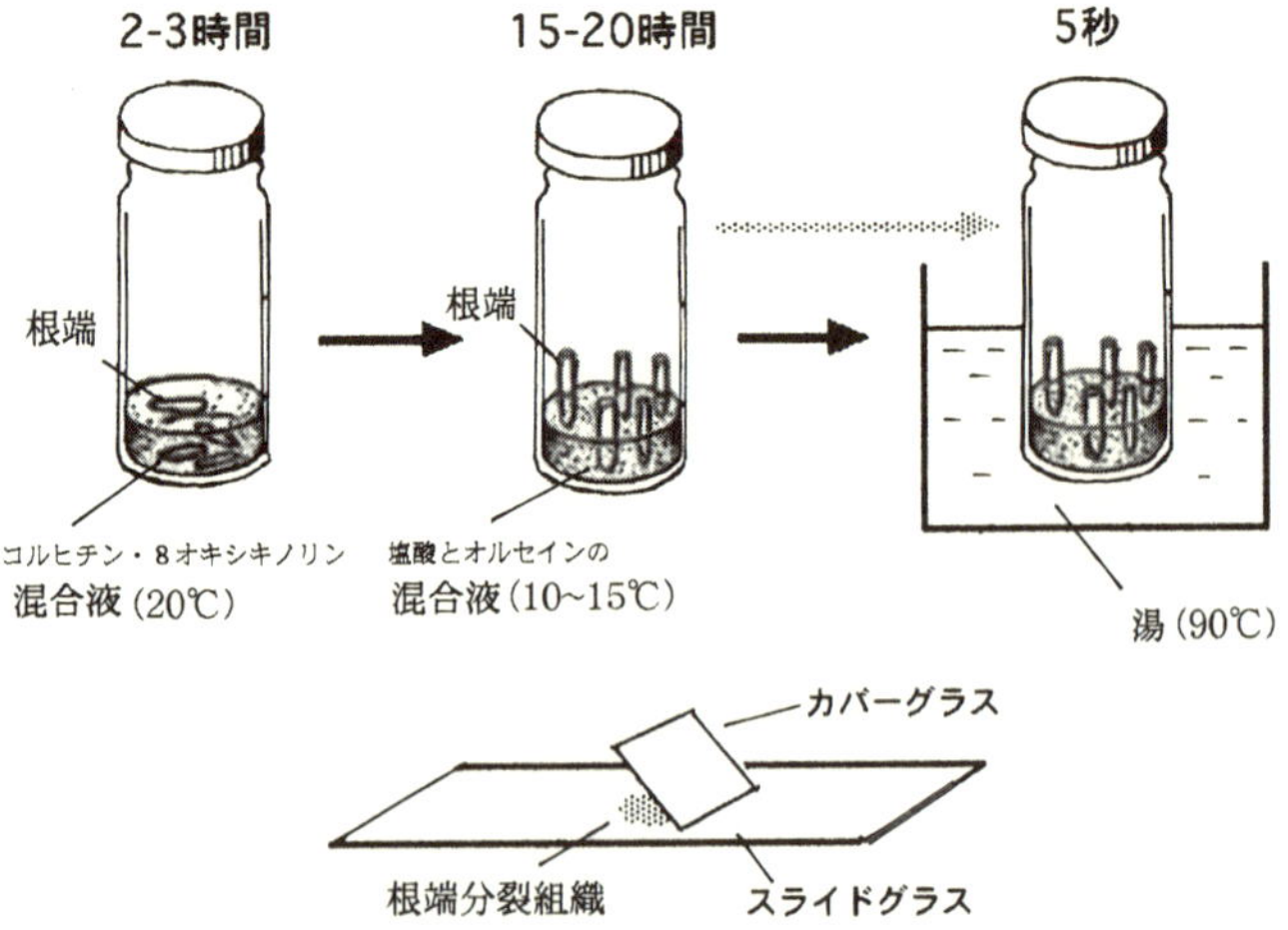

図10　根端細胞染色体の観察プレパラートのつくり方。多くの種類の植物に適用できる

たのだ。豊後水道は分布の障壁になっていない。九州全域のキツネノボタンも四国と同じく松山型かもしれない。

ところで、分類学者がヤマキツネノボタンと呼んでいる変種がある。野外でキツネノボタンを見ていると、茎や葉柄にたくさんの毛が生えていることがある（図11）。多毛な個体を、分類学上、ヤマキツネノボタン（変種）とすることもある。四国や太平洋側の地方では山地の林縁で多く見られるが、山陰や北陸地方などでは平地の田んぼでもヤマキツネノボタン型がふつうに見られる。

ふと、この核型はどうだろうかと思い、松山地方から、外部形態が典型的なヤマキツネノボタンを集めて調べた。するとすべて松山型であった。キツネノボタンとヤマキツネノボタンの

図11　茎と葉柄の開出毛。左：キツネノボタン型　右：ヤマキツネノボタン型

間に、核型上の違いは見当たらない。両者の人工雑種F_1も簡単にできる。雑種F_1の種子や花粉の稔性（めしべの先端で正常に発芽できる花粉の割合）も九〇％以上だ。両者間に子孫がつくれないという生殖的隔離も存在しない。両者を細胞遺伝学的に分けねばならない理由は消えた。

　観念的に設けた仮説、「キツネノボタン集団には、地域によって核型を異にする個体群が存在する」という命題が、かなり怪しくなってきた。

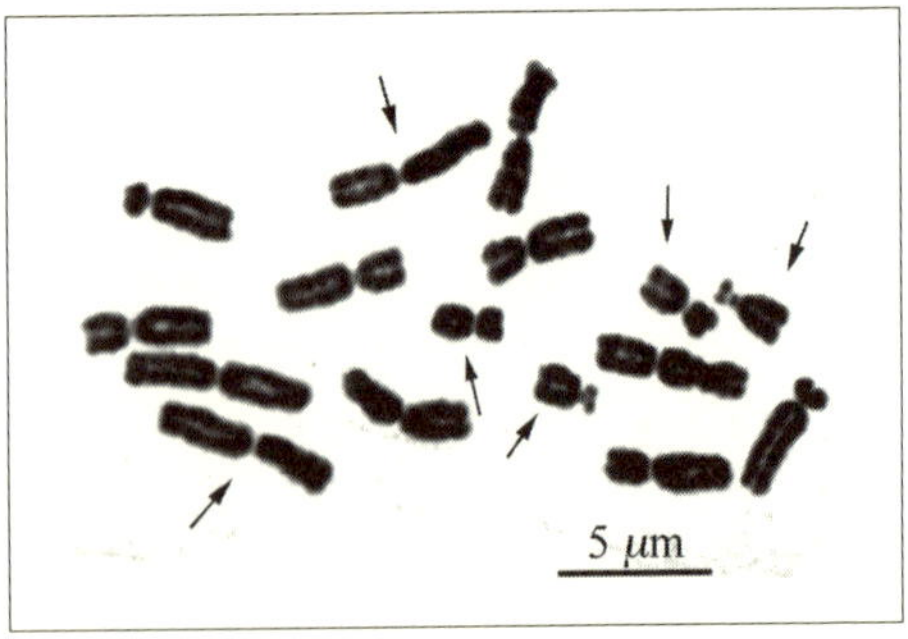

図12　キツネノボタン唐津型 $2n=16$ 中期染色体。矢印の染色体（6個）で同定が可能

　念のためだ。九州を東から西へと横断する大分―湯布院《ゆふいん》―鳥《と》栖《す》―唐津《からつ》の線上に調査地を分散的に設け、それぞれの調査地で採集したキツネノボタンの核型を調べることにした。

　大分―湯布院までの田んぼや水路で集めたキツネノボタンの核型は、すべて松山型だ。これだと九州全域も松山型を示すのかもしれないなあと、仮説に対してますます悲観的になった。

　唐津で採集したキツネノボタンの染色体標本を検鏡したときの興奮は、今でも鮮明に記憶に残る。顕微鏡の視野に広がる一六個の染色体の形態は、これまで見なれた松山型のそれとはまるで違う。

松山型では存在しない大きい一対の染色体と小さい二対の染色体が視野にくっきりと浮き出ている（**図12**矢印）。

唐津の田んぼで採集した植物の腊葉《さくよう》標本と仮植していた植物の外部形態を再吟味した。まちがいなくキツネノボタンだ。

日本のキツネノボタンの核型は四つある

四つの核型の地理的分布

日本中の田んぼから集めたキツネノボタン、約二〇〇〇個体の核型を根気よく調べたところ、松山型、牟岐《むぎ》型、小樽《おたる》型、唐津型と染色体

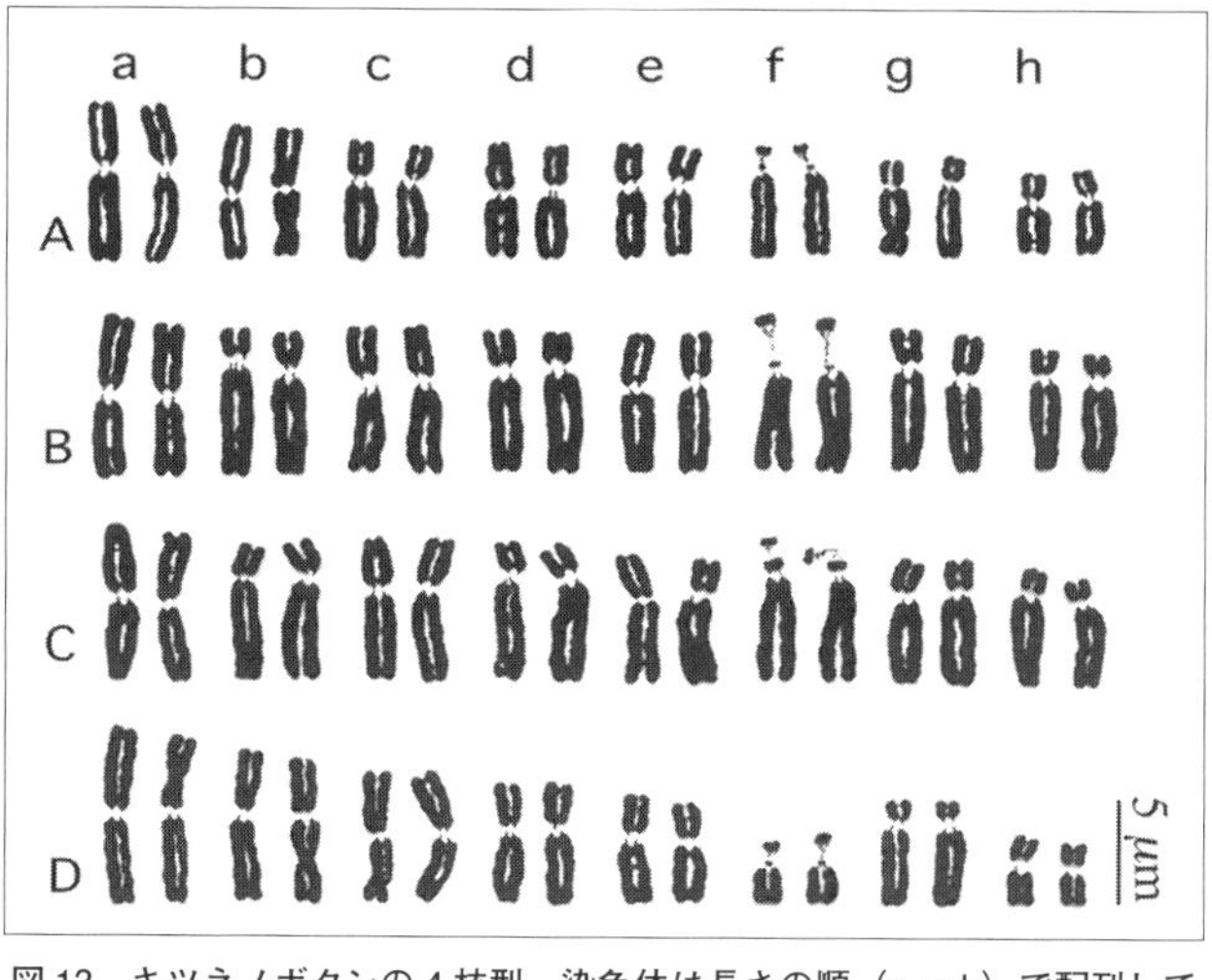

図 13　キツネノボタンの 4 核型。染色体は長さの順（a → h）で配列してある（栗田方式）。f は例外。A：松山型　B：牟岐型　C：小樽型　D：唐津型（Fujishima and Kurita 1974 から改変）

の形が異なる四つの型が確認できた（**図13**）。

松山型

この核型は栗田（一九五五）が四国の松山市から採集したキツネノボタンで確定している。松山型は、四国中部から西は豊後水道を越えて、九州の東部にまで分布していた（**図14**A）。

牟岐型

徳島県牟岐町のキツネノボタンの染色体の形は、松山型と一致しない。大きいほうから二番目の染色体と小さいほうから二番目の染色体の形が松山型とはまるで違う。この核型を牟岐型とした。中国山地、近畿地方、紀伊半島、東海地方、八丈島で見られた（**図14**B）。

小樽型

北海道小樽市近郊のキツネノボタンの核型は、牟岐型によく似ているが、付随体をもつ一対の染色体が松山型や牟岐型と違う（**図15**）。一対の付随体染色体の微細な短腕部分の形態が異なるだけだ。こうした微細な違いだけで、これを一つの核型として扱ってよいのかという疑問は残る。北海道小樽市の知人から送られてきたキツネノボタンでの確認が最初なので、小樽型と呼ぶことにした。

北海道からのキツネノボタンはすべて小樽型であった。東北、北陸からのキツネノボタンも小樽型であった。中国山地や近畿地方からのキツネノボタン集団では、小樽型と牟岐型の二型が見られた。

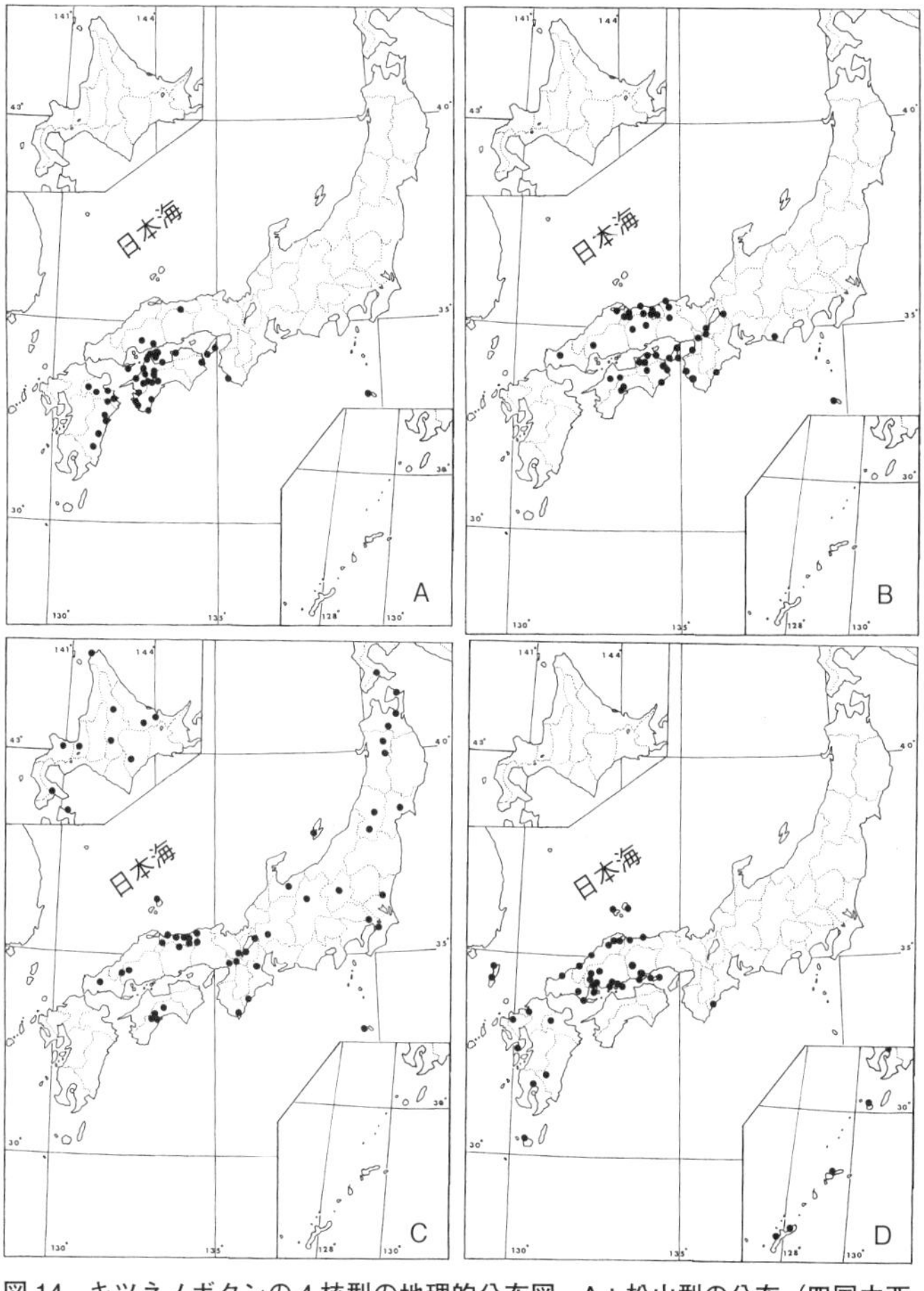

図 14　キツネノボタンの 4 核型の地理的分布図。A：松山型の分布（四国中西部と九州東部）　B：牟岐型の分布（四国東部、紀伊半島、近畿・中国地方）　C：小樽型の分布（中国地方以北から北海道全域）　D：唐津型の分布（九州南西部から北部、中国地方西部の沿岸部）（Fujishima 1988 から改変）

場所によっては、両者が混生していた（**図14**C）。

唐津型

九州の西端、唐津の個体ではじめて確認。唐津型は屋久島から九州西南部、中部、北部、そして中国地方の日本海側は鳥取県米子市付近まで、瀬戸内海側は岡山市付近までの分布が見られた（**図14**D）。

韓国の研究者との共同調査で、朝鮮半島南部からのキツネノボタンもすべて唐津型であることがわかった（Fujishima *et al.* 1995）。

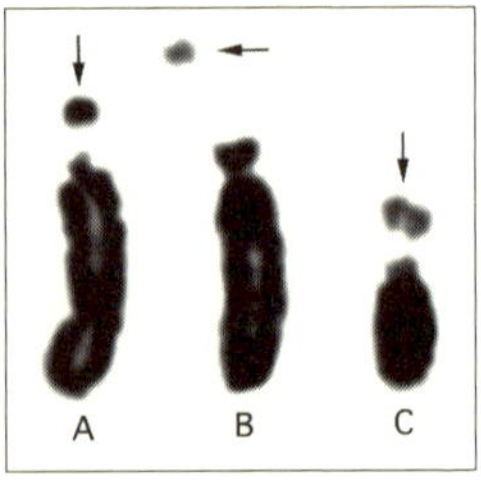

図15　付随体染色体の3型。
A：松山型（牟岐型）
B：小樽型　C：唐津型（矢印は付随体）

それぞれの核型の特徴

栗田の方法にしたがって、一六個の中期染色体を長さの順次性で並べた（**図13**）。**図13**に示された染色体の配列を見ている限りでは、各型の染色体は二個ずつが対の八対（一六個）から成ること、各列（a、b、c、……など）の染色体間で形態的な違いが見られるものもあること、で話は終わりだ。たとえば、松山型と牟岐型の一六個の染色体は、それぞれが別株のキツネノボタンの細胞に入っていたものだ。それを長さの順次性で並べただけであるからだ。

松山型と牟岐型の染色体を直接的に比較する

松山型と牟岐型の両染色体を直接的に比較するためには、松山型と牟岐型とを一つの細胞のなかへ同居させればよい。そのためには、両者の雑種をつくればよい。これによって一つの細胞のなかで、二種の染色体を直接的に形態比較することができる。

高等植物で雑種をつくると、母方の細胞質はほとんどそのまま次世代の雑種植物（F_1）へ伝達される。しかし、花粉親（父方）は、染色体だけがF_1へ伝わる（**図16**）。松山型に牟岐型を交配すると、松山型の細胞へは牟岐型の染色体のみが入る。牟岐型染色体は、松山型の細胞質のなかで形を変える可能性を無視できない。

上記の心配をなくすために、松山型（母方）に牟岐型（父方）を交配したF_1（これを正交配とする）と、牟岐型（母方）に松山型（父方）を交配したF_1（逆交配）とをつくっ

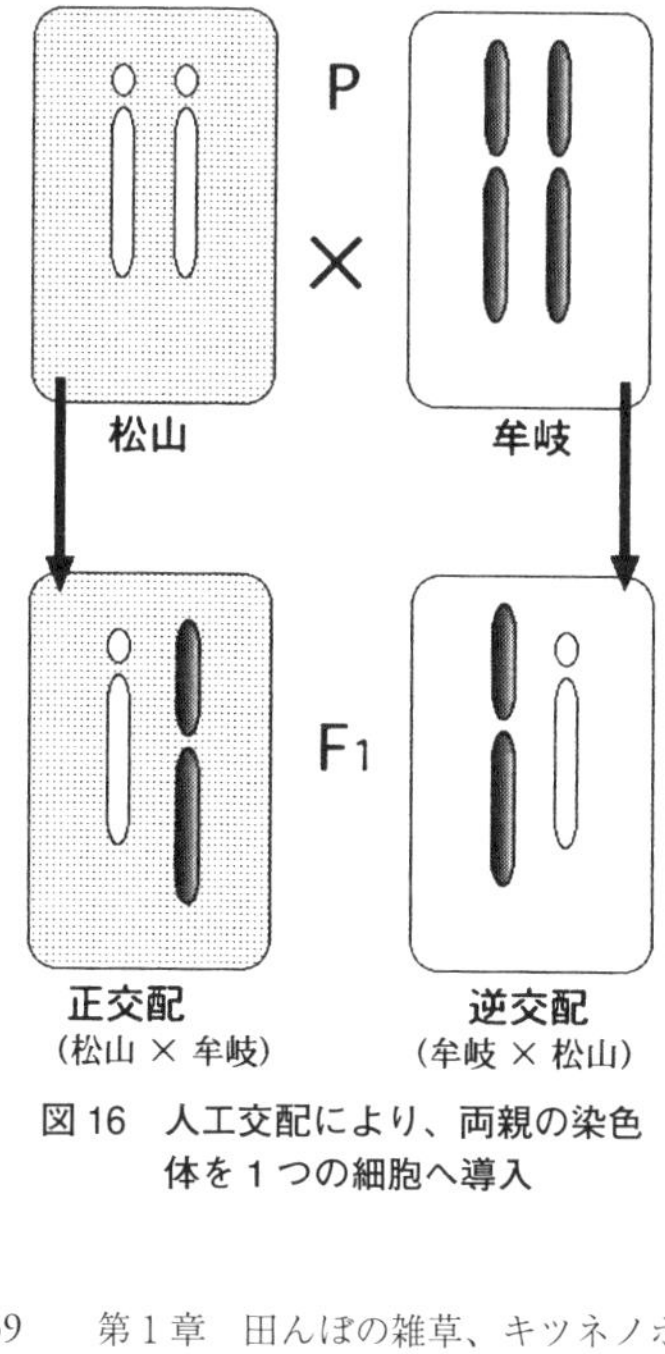

図 16　人工交配により、両親の染色体を 1 つの細胞へ導入

て、正逆両交配で得た雑種植物の核型を比較した。

松山型と牟岐型との交配では、どちらを母方にして雑種をつくっても、染色体の形態には光学顕微鏡で識別できるほどの変化は起こっていない（図17）。

ほかの核型の組み合わせについても、正逆両交配を行なって確認したが、以下では「雑種F_1をつくった」とだけ書くことにする。

図17下列は（松山×牟岐）F_1 $2n=16$染色体だ。これを図17上中列の染色体と比較すると、松山型の最大染色体Ｍ-ａの先端部分が失われる（欠失する）と、牟岐型染色体ｍ-ａが生じる。そして、この先端部分（図17○印）が松山型染色体Ｍ-ｈの下部末端（矢印）に付着（転座）して牟岐型染色体ｍ-ｈが生じたのだろうと推察できる。この推論が正しければ、雑種F_1の減数分裂で一個の棒状四価染色体と六個の二価染色体が観察されるはずだ。

雑種F_1の減数分裂の観察結果は、核型で予測した通りであった。

減数分裂の観察以外に、分子生物学的に染色体の構造的変化を調べる方法がある。検証に必要なＤＮＡの小断片の選択に時間がかかるのが難点だが。

鳥取大学教授の高橋ちぐさはＦＩＳＨ法という技法を用いて、キツネノボタンの4核型の染色体構造を検証した（Takahashi 2003）。この方法を使うと、特定の塩基配列をしたＤＮＡ*が、染色体のどこに組みこまれているかを調べることができる。用いたＤＮＡは、特定の条件下で蛍光を発するように処理されているので、これらのDNA断片が組みこまれた染色体部分からは蛍光が出る。蛍光顕微鏡で蛍光発生部分を見れば、染色体のどの部分に上記DNAが存在するかを直視できる、というすぐれた方法だ。

この研究で高橋は、松山型の一番長い染色体（**図17**のM-a染色体）の短腕の一部が失われて、牟岐型や小樽型の二対目の染色体が形成されたこと、唐津型では二対目の染色体が松山型の最長染色体（**図17**のM-a染色体）と同じ起源であることを明らかにした。減数分裂で推論したことが、FISH法という新しい技法で視覚的に証明された。

高橋の研究は、キツネノボタンの種内分化を考察するうえで有力な援護となった。

＊この検証では、18S-5.8S-26S rDNAおよび5S rDNAという二つの小さいDNAを利用している。

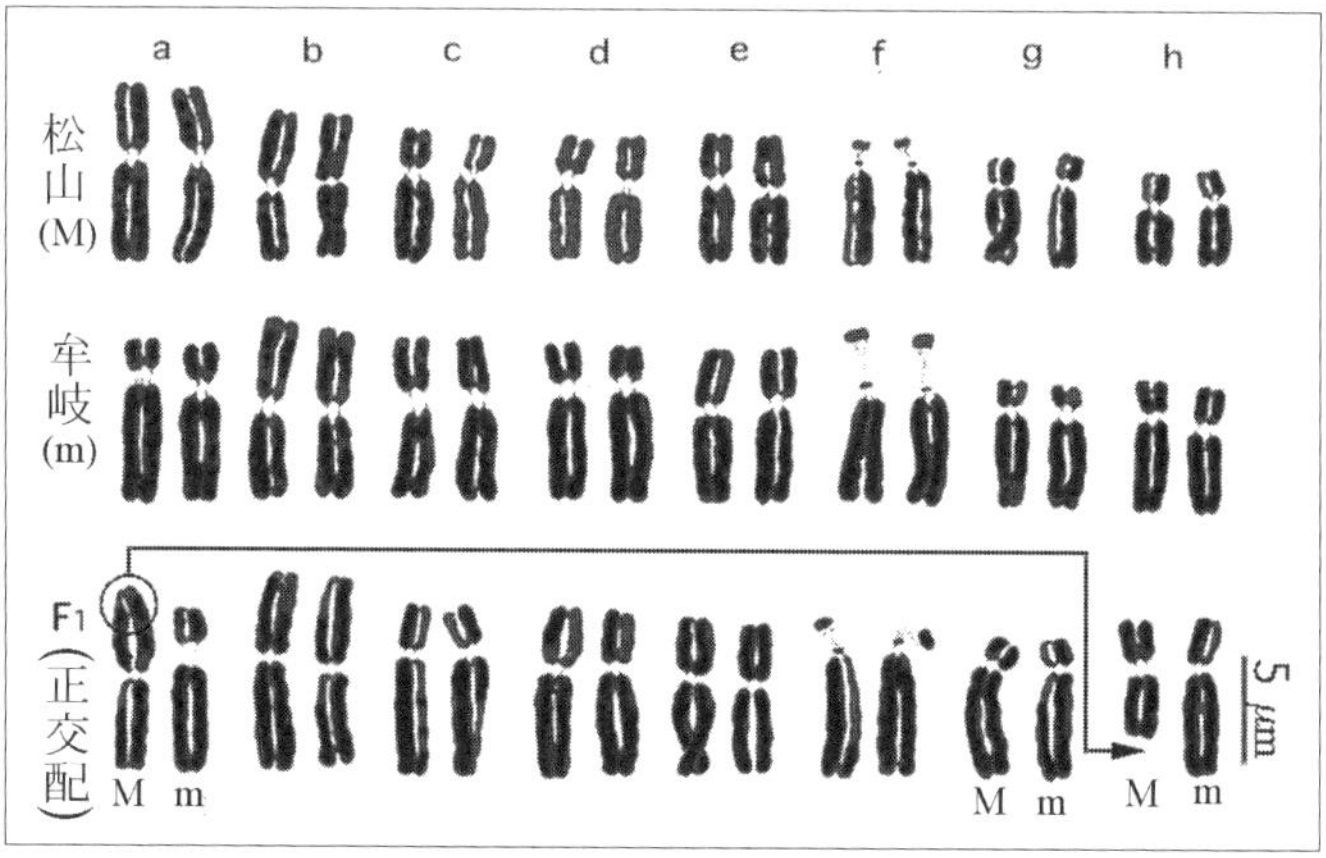

図17　人工雑種の作出（松山型×牟岐型）。M：松山型 $2n$=16　m：牟岐型 $2n$=16　F1：（松山型が母方）$2n$=16。○印部分が矢印先端へ転座して牟岐型を派生するイメージ図

牟岐型と小樽型との関係

牟岐型と小樽型との違いは、すでに述べたように、f染色体の短い腕（短腕）の二次狭窄の位置の違いだけだ（**図18**矢印▼と矢じり印▼）。

これくらいの違いなら、たとえば、キンポウゲ科のウマノアシガタ、タガラシ、キク科のアキノノゲシなどの染色体にはふつうに見ることができる。

そこで、牟岐型と小樽型との雑種（F1）の減数分裂を見てみた。減数分裂中期で六個の二価染色体と一個のリング状四価染色体が観察できた（**図19**矢印）。

このことから、両者の染色体上の見かけは酷似しているが、両植物の染色体間に構造的な違い（相互転座の介在）があることが明らかになった。これによって、牟岐型と小樽型との雑種F1は種子がう

column

減数分裂とは

減数分裂は、高校生物で学習する。しかし、「生物」を選択履修しなかった人たちのために、減数分裂とはどういうものかを簡単に見てみよう。

生殖細胞（精子や卵子）が形成される前に起こる二回連続した細胞分裂を減数分裂と呼ぶ。減数分裂では相同染色体（一つは母方、ほかの一つは父方由

来の同形同大の染色体）が接合して二価染色体（二個の相同染色体が接合した染色体のこと）をつくる。

この「相同染色体が接合する」という特性を利用して、二個の染色体が異質か同質かを検証できる。

下の図にヌマムラサキツユクサ（2n＝12）の花粉ができるときの減数分裂を示した。

花粉をつくる細胞（花粉母細胞）の核（A）は、分裂が始まるとしだいに糸状になり（B）、相同な二個の染色体は接合して、あたかも一個の染色体のようになる（C：六個の二価染色体）。接合した相同染色体は分かれて、それぞれが別の細胞極へ移動する（D、E）。引きつづいて、二回目の分裂が始まる（F）。細胞の中央部に並んだ染色体は（G）、それぞれが縦に二分されて両極へ移動する（H）。こうして四つの群に分かれた染色体群は、それぞれが核を形成し、細胞は四分され（I）、減数分裂は終了する。

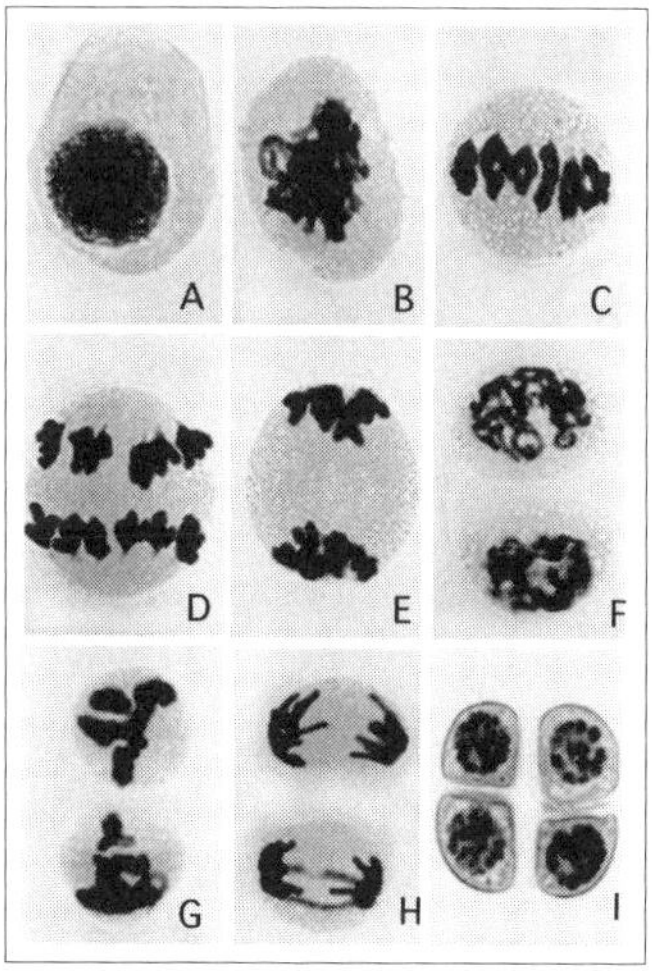

ヌマムラサキツユクサ（広島大学から供与）の花粉母細胞（PMC）の減数分裂。A：花粉母細胞（静止核） B：第一分裂前期 C：第一分裂中期、6個の二価染色体 D：第一分裂後期 E：第一分裂後期から終期 F：第二分裂前期 G：第二分裂中期 H：第二分裂後期 I：四分子細胞（4個の花粉を形成）

まくつくれない。つまり、生殖的隔離の状態にある。牟岐型と小樽型とは別の染色体種（サイトタイプ）として分けるのが至当だ。

松山型と小樽型との関係

松山型と小樽型との雑種F_1の減数分裂では、二個の四価染色体（J字状とリング状）が観察できる（**図20**）。染色体の構造的変異は、松山型と牟岐型との関係よりもさらに複雑である。

核型と地理的分布とから判断して、松山型→牟岐型→小樽型の順次性で核型分化が進んでいるらしい。

松山型と唐津型との関係

唐津型は、ほかの三つの核型とは形態的にかなり違う（**図13D**）。

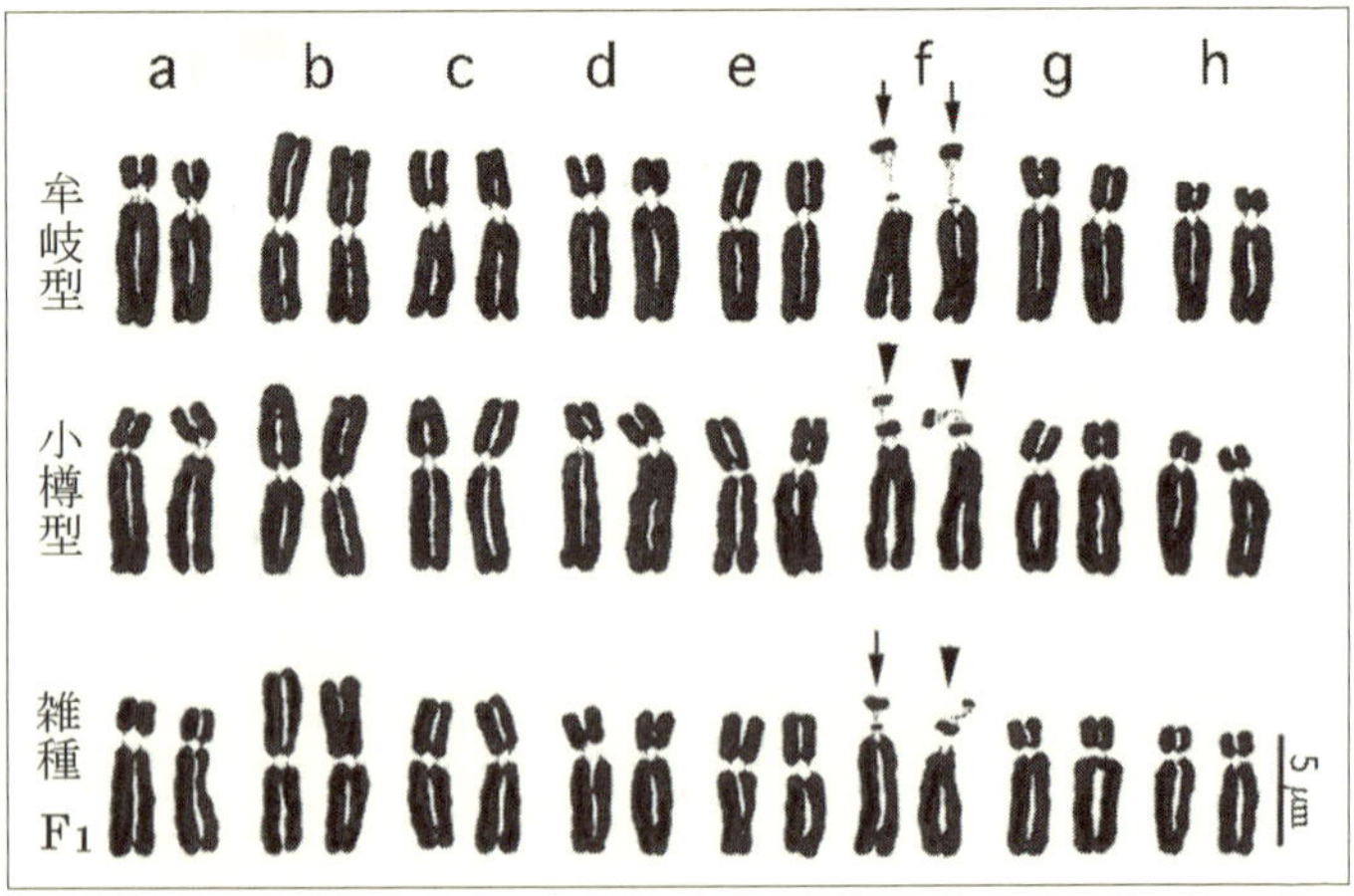

図 18　根端細胞中期染色体 2n=16。雑種 F_1（牟岐×小樽）。付随体染色体の松山型は矢印、小樽型は矢じり印

松山型と唐津型の雑種F_1の減数分裂では、三個の四価染色体（棒状一個、リング状二個）が同時に観察できた。松山型と唐津型との染色体間には複雑な構造上の変化が介在している。

唐津型と小樽型との関係

両者の雑種F_1の減数分裂は、松山型と唐津型との関係よりもさらに複雑な染色体構造の違いがあると思われる内容だった。

小樽型から唐津型への分化は、染色体の構造上からも、地理的分布のうえからも考えにくい。

松山型から唐津型への核型変化は激変的で跳躍的

松山型→牟岐型→小樽型の変化がゆるやかな染色体の構造的変化だとすると、松山型→唐津型の変化

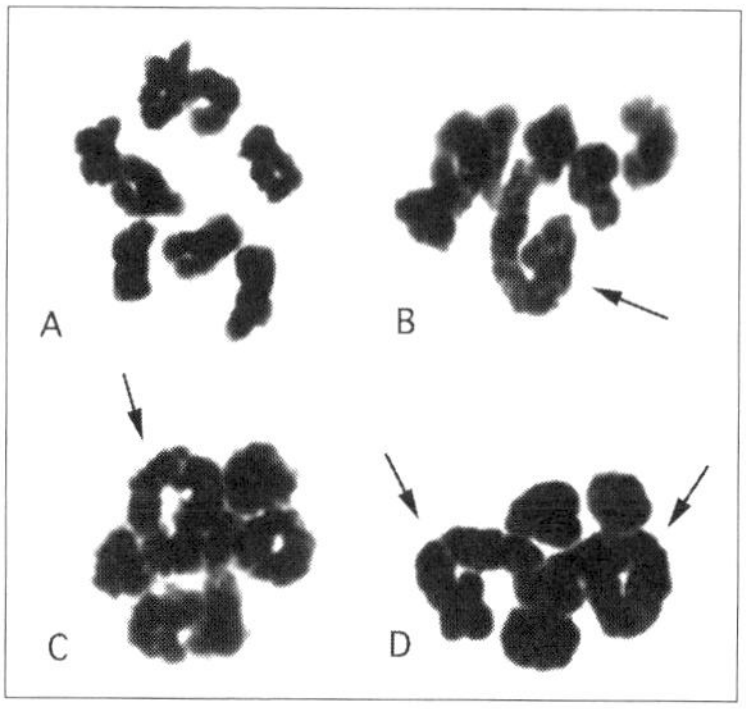

図20　雑種F_1（松山×小樽）の減数分裂第一中期でのいろいろな染色体接合。A：8_{II}　B：1_{IV}（棒状）＋6_{II}　C：1_{IV}（リング状）＋6_{II}　D：2_{IV}（棒状とリング状）＋4_{II}　四価染色体は矢印で示す

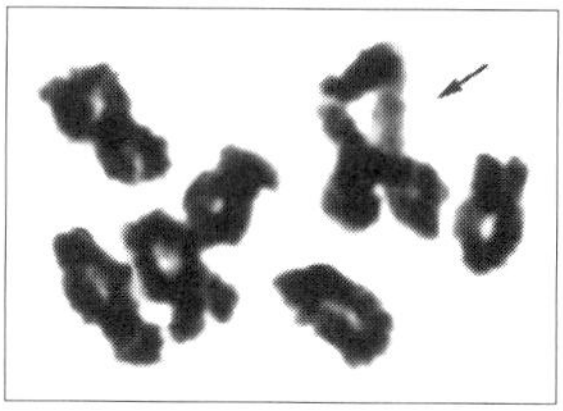

図19　雑種F_1（牟岐×小樽）の減数第一分裂中期（6_{II}＋1_{IV}）。四価染色体はリング状（矢印）

は激変的だ。松山型から、唐津型の先駆的核型ともいえる前・唐津型が派生し、ついで唐津型が生じたとすると、松山型→唐津型の変化は考えやすいのだが、今のところ、前・唐津型に相当するような植物は日本でも外国でも見つかっていない。唐津型は松山型から一気に跳躍的な核型変化で生じた植物なのだろう。

日本列島でのキツネノボタンの地理的分布は、どのようにして完成したのか

キツネノボタンは、日本中どこのキツネノボタンも、キツネノボタンとしての形態を保持し、キツネノボタンとして分類することに誰も異論はない。そして、染色体数も例外なく$2n=16$であった。ところが、彼らは染色体の形を変化させ（構造的変化）、大きく分けて松山型、牟岐型、小樽型、唐津型に分化していた。日本中の田んぼにごくふつうに見られるキツネノボタンが、実は日本国中どこでも同じキツネノボタンというわけではなかった。

「雑草なら日本国中みな同じ」という常識が、常識ではなくなった。「地域に密着して、雑草たちは種を分化させている」という一つの事実を、キツネノボタンの染色体は鮮明にした。

ではどんな道筋を経て、キツネノボタンは日本列島で種を分化させていったのだろうか？　その歴史性をさぐってみよう。

キツネノボタンの日本での地理的分布を、もう一度見てみよう。37ページに示した四枚の地図（**図14**）を一枚にまとめたのが**図21**である。この図では、松山型がキツネノボタンのもっとも祖先型だと仮定して、地理的分散の過程を模式化している。

column

今は夢物語なのだが……

松山型と唐津型との分布境界線である由布岳（大分県）から霧島山（鹿児島県）に至る九州山地は、火山活動の盛んだった地域だ。宇井忠秀（一九七三）によれば、鹿児島湾を中心にして約六〇〇〇年前の幸屋《こうや》火砕流の堆積が見られるという。だとすると、過去に、キツネノボタンの減数分裂を擾乱し、跳躍的に新しい染色体構造の植物を生起させるような何かが、この地域で起こったかもしれない……と、想像するのだが。

この話を友人にすると、「何を考えようと、そりゃあ勝手だけどねえ……」と、つれない返事。しかし、まゆつばな話が将来の大きな発見につながる例はたくさんある。見捨てた話ではないと、私は勝手に思いこんではいるのだが……（今のところ、賛同者はありません）。

同じ核型をもった植物群（サイトタイプ）は、別の種類の植物群（サイトタイプ）と分布の境界線では両者の分布域を少しずつダブらせながらも、それぞれが日本列島で独自の地理的広がりをもっていた。

各サイトタイプが日本列島で独自の分布域をもっている。その原因は、すでに述べたように、違ったサイトタイプ間では雑種ができにくいからだ（生殖的隔離の成立）。

サイトタイプ内の遺伝的多様性

サイトタイプ間での生殖的隔離がはっきりしていると、ある一つのサイトタイプで起こった遺伝子変異はほかのサイトタイプには伝わりにくく（遺伝子流動の阻害）、それぞれのサイトタイプのなかで独立的に遺伝的変異は進行していくから、それぞれのサイトタイプ内でほかとは違った遺伝的多様性が生まれてくる。

T・マイデリザと岡田博は近畿以西で集めたキツネノボタン（四サイトタイプ）の九五集団について、九酵素系（一六遺伝子座）の遺伝的多様性を調査した（Maideliza and Okada 2005）。その結果、サイトタイプ間の多様性よりもサイトタイプ内の集団間での多様性のほうが高いことがわかった。キツネノボタンの自家受粉性と関係があるのではとマイデリザらは推論しているが、本当の理由はよくわからない。

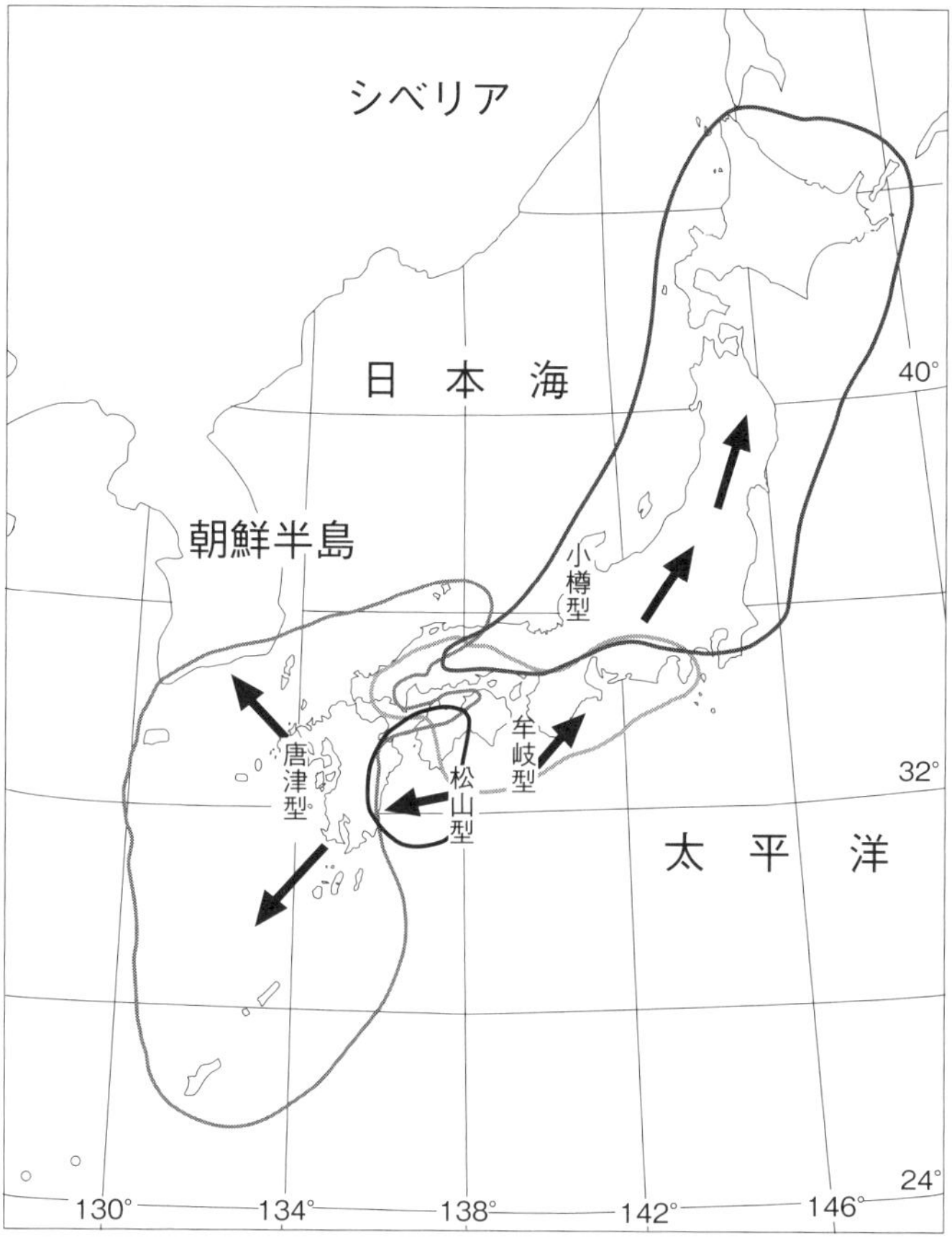

図 21　4 サイトタイプの地理的分布（図 14 参照）。松山型から四方へ芽を吹くように、南に唐津型、北に牟岐型、さらに小樽型が分化した様子が見られる

疑問の多い松山型の地理的分布

キツネノボタンの四サイトタイプのそれぞれが、互いに違った地理的分布域をもっていた。彼らは地域の気候風土に適応して、それぞれ独自の分布地域を広げているかのように見える（図14、図21）。唐津型は暖かい地方への適応型、小樽型は寒い地方への適応型といった解釈である。

ところが、松山型と牟岐型の分布域は、唐津型や小樽型ほどには単純でない。両者は生物地理学でいう、ソハヤキ地域（図23参照）に中心的な分布域をもっているのだ。しかも、松山型は四国と九州とを分断する豊後水道をまたいで両地域に分布する。そればかりか、豊後水道よりもはるかに浅くて島の多い瀬戸内海が分布障壁になって、四国から中国側への分布は散発的だ。四国東部に分布する牟岐型は、瀬戸内海や紀伊水道を越えて中国地方や紀伊半島、東海方面へも分布を広げている。牟岐型の地理的分布に、瀬戸内海や紀伊水道は障壁にはなっていないかに見える。

こうした日本国内での地理的分布を見ると、キツネノボタンは田んぼの雑草ではあるが、稲作随伴の雑草だとはいえない。日本列島の誕生という歴史性に出発点を置き、地域自然の気候に適応しながら種を分化させ、次いで、田んぼという新開地へと生活の場を広げ、雑草という生活スタイルを身につけた、と解釈するのが妥当だろう。

古瀬戸内海の誕生からキツネノボタンを考える――多湖沼化時代

では、なぜ松山型は瀬戸内海を越えられなかったのだろうか。ここに、キツネノボタンの種分化の謎を解くカギがありそうだ。

現在の地形は、キツネノボタンが生きた過去の地形と同じではない。瀬戸内海の誕生の歴史を見てみる必要がありそうだ。

市原実（一九六六）によると、瀬戸内海の形成の道筋はおおむね次のようだという。

中新世中期（一〇〇〇万年前）には瀬戸内海地域は陸化していたが、鮮新世初頭（五〇〇〇万年前）頃から瀬戸内沈降帯の形成が始まった。すなわち、現在の瀬戸内海地域から琵琶湖、伊勢湾にかけて徐々に地盤が沈降し、これに対抗するように中国背稜部（現在の中国山地よりも北寄り）および四国背稜部（現在の四国山地）、紀州半島（中央構造線より南側）が隆起を始めたらしい。中央構造線とは、九州の東部から四国山地瀬戸内側、紀伊半島中央部を横断する長大な断層をいう。

鮮新世後期（二〇〇万年前）には沈降と隆起はさらに進行し、瀬戸内海地域は沈降して多湖沼化し、四国背稜部から紀伊水道地域には高い山地が形成された（**図22**）。現在の紀伊水道入口付近にあった分水嶺（中央構造線の南側）から流れ出た河川はいったん北上し、大阪湾地域から西進、瀬戸内地域に点在する湖沼群をつないで流れはさらに西に進み、九州の有明地域から海へと流入していた、という。この時期は、豊後水道も紀伊水道も陸地であった。

すなわち、二〇〇万年前には、琵琶湖から大阪湾地域にかけての流れは、途中で中国山地や四国山地からの流れを集めて有明海地域へと向かって西進し、この流れの南側に九州南東部―四国―紀伊半島の連続した陸地が形成されていた。

松山型と牟岐型の分化はいつ起きたのか

九州―四国―紀伊半島が一連の陸地であった時期に、松山型は四国の西部から九州東部にかけての分布域をもち、牟岐型は四国東部から紀伊半島へと分布域を広げていた。

その後、豊後水道や紀伊水道に海水が侵入し（たとえば約六〇〇〇年前の縄文海進）、九州と四国、四国と紀伊半島が分断された、とすれば、すでに九州や紀伊半島

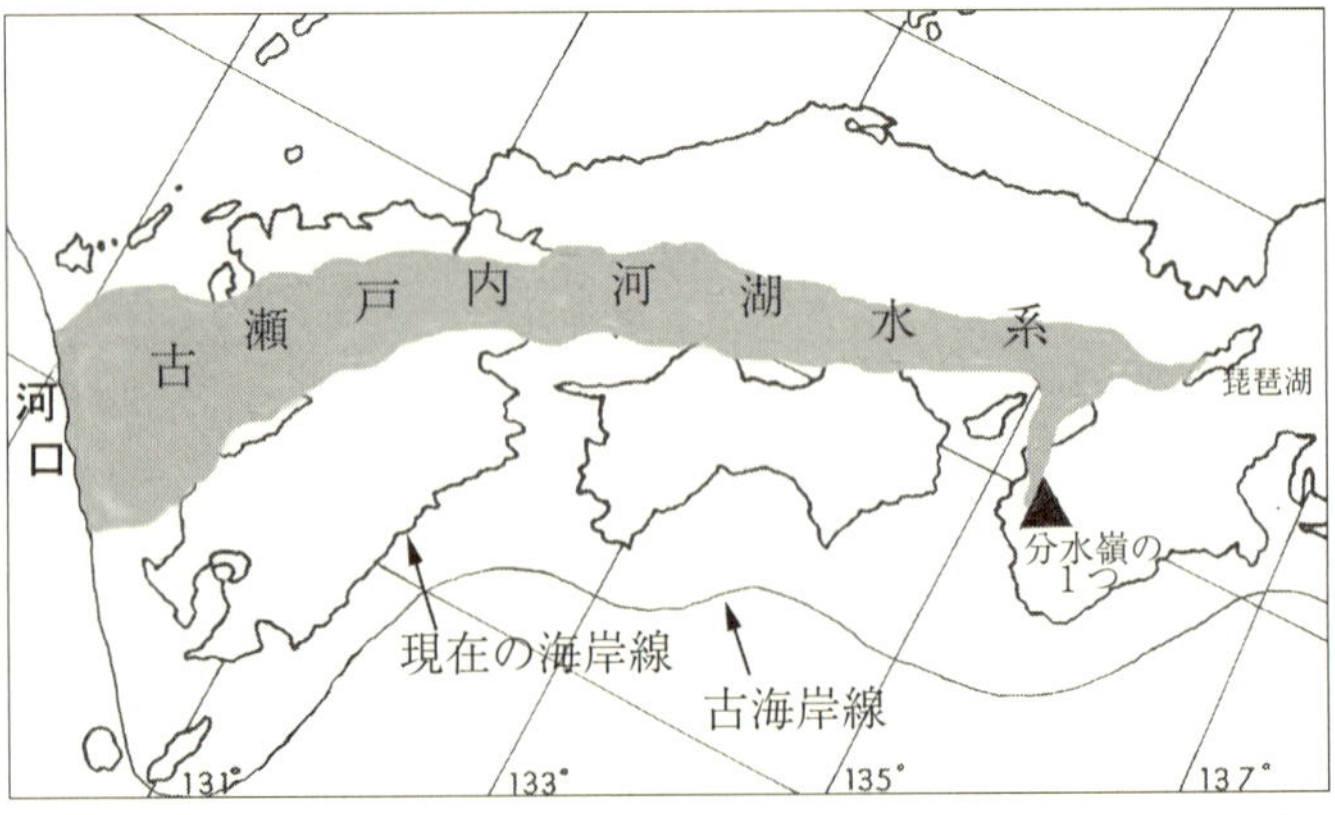

図 22　古瀬戸内河湖水系。今から約 200 万年前（鮮新世後期）の瀬戸内海（市原 1966 から作図）

へ分布を広げていたキツネノボタンにとって、豊後水道や紀伊水道の出現は分布の障壁にはならなかったであろう。

九州南東部—四国—紀伊半島の一連の陸地は、日本列島形成の歴史のなかで、淡水湖の出現や隆起、海進による分断といった地形的変化はあっても、この地域全体が水没してしまうことはなかった、とされている。日本列島が大陸と陸つづきであったとき、大陸からやって来た、いわゆる大陸とつながりの深い植物（キレンゲショウマなど）がこの地域に残っているのが証拠だ。こうした背景があって、研究者によって地域の範囲は少しずつ異なるが（村田・小山 一九七六）、この地域を「ソハヤキ地域」（襲速紀地域と書くこともある）と呼ぶことがある（**図23**）（小泉 一九一九、大場 二〇〇五）。

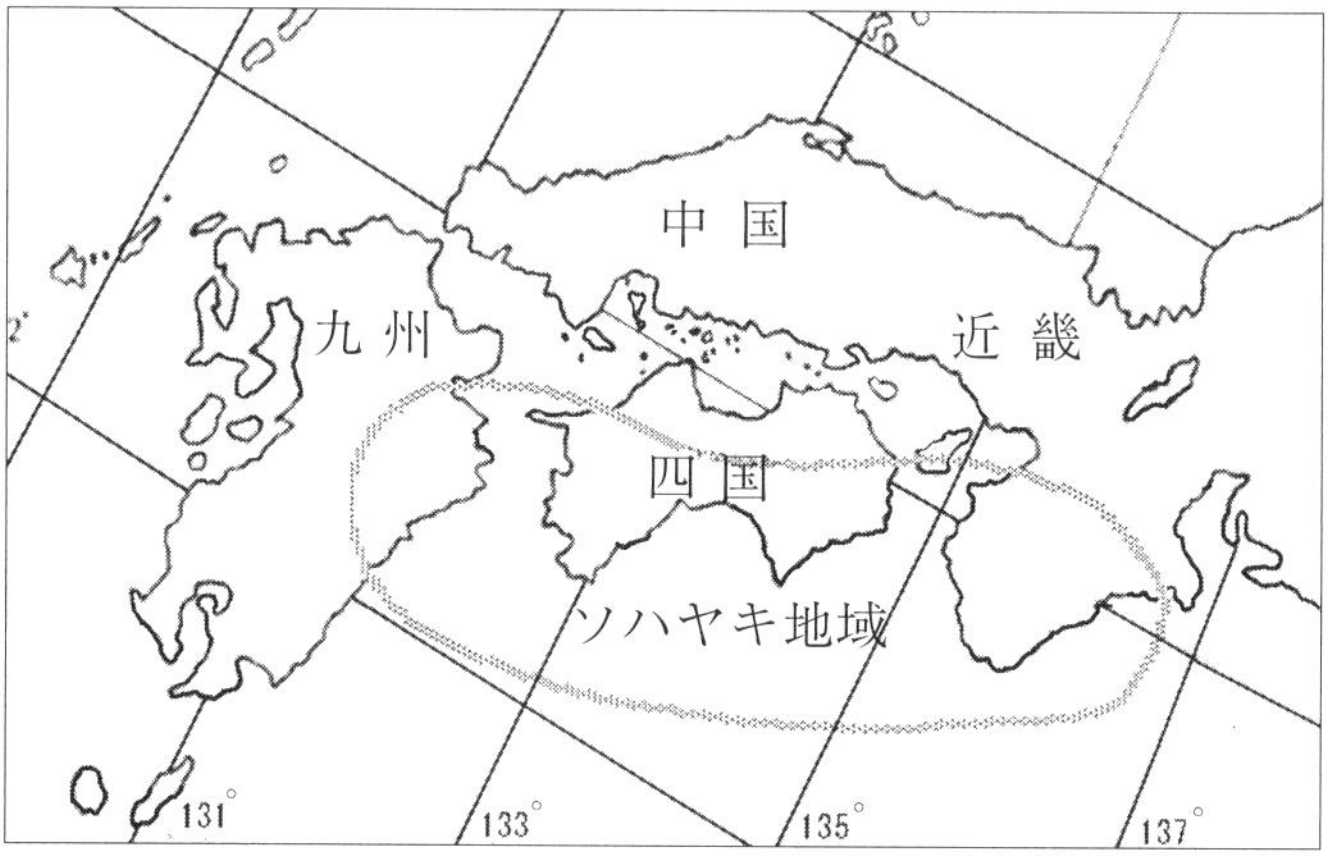

図23　ソハヤキ地域。研究者により地域は若干異なる

ソハヤキ地域が種分化の出発点

ソハヤキ地域が日本のキツネノボタンの発祥地だとすれば、その祖系に当たるキツネノボタンはソハヤキ地域へどうやってたどり着いたのであろうか？

それを示す直接的な証拠は、今のところない。しかし、キツネノボタンの近縁種で、スンダイカス（*Ranunculus sundaicus*）という植物が、インドネシアのジャワ島の高地に生えている。一九八三年に田村道夫と岡田博が採集した。キンポウゲの仲間の系統分類学の第一人者である田村は、スンダイカスは日本のキツネノボタンと形態的にほぼ同じで、両者を分類学的に分けねばならない理由は見当らない、という（私への私信、一九八四年一二月）。

また、日本のキツネノボタンと形態が類似する植物は、中国の昆明《こんみん》地方で一九八五年に近藤勝彦が採集している。キツネノボタンは、現在でも飛び石的ではあるが、熱帯から温帯に至るまでかなり広く分布している。日本のキツネノボタンは、日本列島が大陸と陸つづきであった頃に、大陸から日本列島へとやって来ていたのだろう。

日本で農耕が始まるのは、はっきりと断定はできないが（池橋 二〇〇五）、縄文時代末頃からのようだ（木村 一九九六、池田 一九九八、佐藤 二〇〇二、中橋 二〇〇五）。この頃は気温が上がり、縄文海進といって標高の低い地方が至る所で水浸しになった時代だ。豊後水道や紀伊水道へも海水が侵入してきて、現在のように九州、四国、紀伊半島が分断された。

すでに述べたように、縄文期以後に農耕文化とともにキツネノボタンが日本列島へやって来たのだとすると、現在のキツネノボタン（サイトタイプのレベル）の地理的分布の説明は困難になる。特に、松山型と牟岐型の地理的分布は説明できなくなる。ソハヤキ地域が一連の陸つづきであった縄文期以前に、キツネノボタンはすでに日本列島へやって来ていた。そして、林縁や自然崩壊などの荒地の湿地で、ほかの植物たちに遠慮しながら、しかしたくましく、徐々に生活圏を広げながら生きていたにちがいない。

column

ジャワ島のキツネノボタン

ジャワ島のスンダイカスの核型は日本の牟岐型に類似している（岡田の私信、二〇〇五年九月）。しかし、日本産牟岐型とジャワ島産スンダイカスとの雑種（F_1）をつくってみると、F_1の種子稔性は六〇%を切ってしまう。核型はよく似ているけれど、そして外部形態もよく似ているけれども、両者の遺伝学的な相性はあまりよくない。中国昆明のキツネノボタンも、核型は牟岐型だ。これらは日本の牟岐型キツネノボタンと別系統と考えたほうがよい、と私は思っている。

日本のキツネノボタンの祖先型は松山型

日本に分布するキツネノボタンの四核型（サイトタイプ）のうち、もっとも古い祖先型はどれなのだろうか。ソハヤキ地域を分布の中心とする松山型か牟岐型のどちらかであることは確かだ。私は、次の理由から松山型が日本のキツネノボタンの祖先型だと思っている。

栗田が染色体研究をしたキンポウゲ属植物のうち、染色体の基本数が八の植物の核型を見ると（栗田一九五五、Kurita 1957, 1958a）、それらの核型は松山型や牟岐型に類似したものが多い。植物の染色体進化の過程で、類縁種たちが示す核型から大きくかけ離れた核型をもつ植物が祖先型ということは、ふつうはない。キツネノボタンの親戚筋の植物たちに類似性の高い核型をもつ松山型か牟岐型を日本のキツネノボタンの祖型とするのが自然だろう。

二つ目の理由。松山型はソハヤキ地域に限定された分布域をもつ。ソハヤキ地域から突出した分布域をもつ牟岐型が松山型よりも新しいサイトタイプと考えるのが自然だ。

また、単なる傍証でしかないのだが、G・A・レヴィツキーの「相称的核型は非相称的核型よりも原始的である」という仮説がある（Levitzky 1931）。彼は系統分類学的視点から染色体研究をし、この仮説を提案した。この仮説には例外のあることも検証されているが、レヴィツキーの仮説として多くの研究者に受け入れられていった（Stebbins 1971; Levin 2002）。この仮説を松山型と牟岐型に適用するなら、相称的核型である松山型が初期的核型だと見なされる。

松山型キツネノボタンは、日本列島形成の過程で、四国地方（ソハヤキ地域）の林縁の崩壊地的湿地に生活の場を見つけて生きてきたのだろう。現在のヤマキツネノボタンの生き方が、このことを示唆している。

やがて、松山型個体群のなかのある個体に染色体の部分転座が起こった。牟岐型植物の誕生だ。牟岐型植物は、松山型個体群のなかから周囲へ芽を吹くように派生していった。

新しく派生した転座型の植物（牟岐型）は、染色体上の遺伝子の配列が部分的に親植物（松山型）とは違っているので、松山型との間で子孫をつくれない（生殖的隔離の成立）。松山型と牟岐型との間で見られるような生殖的隔離によって電撃的に引き起こされる種分化様式を「跳躍的種分化」、また分化が同所的に生じることから「同所的種分化」と呼んでいる（Lewis 1962, 1966、舘岡 一九八三）。

キツネノボタンが種分化を進める過程で、彼らの多年草性と自家受粉性が効果的に作用したと考えられる。

自家受粉性をもつということは、周辺部に生える松山型の花粉を受け入れることなく、新生した牟岐型一個体のみで種子を形成し、子孫を残せる。他家受粉の植物にくらべれば、親と同じ遺伝子組をもつ子孫を残すチャンスは大きい。つまり、松山型と牟岐型とが同じ地域で混じり合って生活していても、両者間での遺伝子の交流が阻害される可能性は高い。

また、多年草性は、親植物のコピーを毎年産生することができる。新しく誕生した牟岐型は、母集団（松山型）からの遺伝的支配を排除しながら、外部形態は変わることなく（最初は母種と同じ自然環境に生きるのだから、形態変化を起こさないほうが生存に有利）、両者は別種のように行動することができたのであろう（同胞種の成立）。

牟岐型は古瀬戸内水系を迂回して広がった

松山型集団から派出した牟岐型は、やがて周辺の環境に適応しながら独自の地理的分布域をもつようになったであろう。紀伊水道が形成される前に四国から紀伊半島へと分布を広げた牟岐型は、やがて近畿地方へ広がり、西は古瀬戸内水系を迂回して中国山地へ、東は太平洋側を東海地方へと東進したと考えられる。現在の地形図からは、牟岐型が瀬戸内海を越えたように見えるのは見かけ上のことにすぎない。

小樽型の派生

牟岐型は、分布域を広げていく過程で、小樽型を派生した。中国山地や近畿地方では小樽型と牟岐型とが混生している地域が多い。また四国では唯一、高知県須崎市に小樽型の小集団が見られるが、理由はよくわからない。

牟岐型から小樽型への派生は、染色体の相互転座がおもな原因だ。このことによって、牟岐型と小樽型との間には遺伝的な生殖的隔離が成立しているとみてよい。

牟岐型から派生した小樽型は、冷涼な気候にも適応しながら近畿地方から日本列島を北上し、東北、北陸地方、北海道へと分布域を広げていったのだろう。

唐津型の誕生

豊後水道が生じる前に九州地方へ進出した松山型は、現在の九州山脈辺りで唐津型を派生した、と思われる。これについての確かな証拠はない。現在は、由布岳から霧島山に至る九州山脈を境にして西側に唐津型が、東側に松山型が広がっている。

唐津型が分化する時期は、朝鮮半島と日本列島がまだ陸地で連なっているが（最終氷期の終期）、瀬戸内地方を西に流れて有明の海へ注いでいた淡水の流れは、豊後水道へと流れを変えはじめた頃である（**図22**）。この時期は、幸屋《こうや》火砕流（鹿児島湾入口付近が噴火口、六五〇〇〜六〇〇〇年前〈七三〇〇年の説もある〉宇井 一九七三）が、屋久島もふくめて九州南部を覆いつくす前であったと思われる。すなわち、屋久島の山地が屋久杉のような樹木で覆われる前のことではなかったかと推察される（詳細は第2章参照）。

九州の中南部で派生した唐津型は、九州北部へと分布圏を広げた。一部は現在の関門海峡を通り抜け、瀬戸内側は岡山辺りまで、日本海側は米子近辺まで東進した。そして、さらに一部は朝鮮半島へと進出した。

朝鮮半島では、半島南部にしかキツネノボタンは見つからない（藤島・元 未発表）。高聖哲教授に助力していただいた韓南《ハンナム》大学の標本室での調査でも、標本の採集地はすべて南部であった。そして、これまでにわかっている半島（島嶼《とうしょ》部もふくむ）からのキツネノボタンの核型は、すべて唐津型のみだ（岡田・田村 一九七七、Fujishima *et al.* 1995）。暖地適応型の唐津型キツネノボタンは、日本列島から朝鮮半島南部へと分布圏を広げたと考えるのが自然なように思う。

column

ヤマキツネノボタンからキツネノボタンが形態的分化

キツネノボタンを、キツネノボタンとヤマキツネノボタンの二つの変種に分類することがある。本文33ページの図11は上下とも左がキツネノボタンである。

一般的にいえば、山間部でのキツネノボタンは茎が多毛なヤマキツネ型であり、平地水田では毛の少ないキツネ型である（九州南部、四国、東海地方など）。ところが、日本海側や東北、北陸、北海道では場所に関係なく、ほぼヤマキツネ型である。

　ところが、林縁で採集したヤマキツネノボタンを湿地へ移植すると、次代の茎や葉柄は開出毛《かいしゅつもう》（茎から横にのびる毛）が少なくなったり、見えなくなったりする個体もある。逆に、水田（多湿）で採集した無毛の個体を鉢植え（乾燥）にすると、次代では多毛になることもある。

　松山型が生育する地域の個体は、外部形態がヤマキツネ型かキツネ型かに関せず、核型はみな松山型である。唐津型や小樽型、牟岐型にも同じことがいえる。

　こうした核型の統一性と外部形態の浮動性との関係について、次のように説明できるのではないだろうか。

日本列島でキツネノボタンが核型分化を起こしながら分布圏を広げていた地質時代のキツネノボタンは、ヤマキツネ型であっただろう。弥生期になり、平地に水田が開発されはじめると、山地の多湿な林床や林縁、流路周辺に生えていたヤマキツネ型たちは、生存競争相手の少ない水田へと生活圏を移していった。その過程で、茎や葉柄から開出毛をしだいに失った個体が現われ、水田地帯ではやがてキツネ型の個体群を多く見るようになった（雑草化した）、と考えている。

　こうしたヤマキツネ型からキツネ型への移行は、地域によって緩急があるだろうし、また生育環境によっては見かけ上、本来の多毛が疎毛化することもあるので、形態分類学上の混乱が起こっているのだろう。ヤマキツネノボタンもキツネノボタンもともにキツネノボタンでよいのではないだろうか。種名は両者とも *Ranunculus silerifolius* Lév.

キツネノボタンは松山型サイトタイプから周辺地域へ芽を吹くように、次々と新しいサイトタイプ（牟岐型、小樽型、唐津型）を分化させていった（同所的種分化）。種分化の過程で、染色体数は$2n$＝16と一定に保ちつづけたこと、四サイトタイプ間で外部形態の差異が起きていないことの二つが大きな特徴だ。だが、これら四サイトタイプ間には歴然とした生殖的隔離という隔壁があり、日本列島で独自の分布域をもちつづけ、あたかも別種でもあるかのようにふるまっている。

キツネノボタンの染色体の形（核型）を調べることで、キツネノボタンという日本の雑草が日本列島誕生の長い歴史の流れのなかで種分化を続け、日本の田んぼのなかで「雑草」という生き方を選択して生きていることがはじめて明らかになった。雑草は耕地の単なる「やっかい者」ではない側面が見えてきた。

第2章 屋久島の固有種、ヒメキツネノボタンの誕生

ヒメキツネノボタン（キンポウゲ科）は屋久島の高地に生える固有種の一つで、キツネノボタンの近縁種だ。固有種とは、特定の地域だけに見られる生物種をいう。屋久島には固有種が多いが、それらがどのような過程で成立したかは、科学的に明らかにされていなかった。それが、ヒメキツネノボタンの研究で、はじめて明らかになった。ヒメキツネノボタンは野草であって雑草ではないが、キツネノボタン（雑草）の種分化を考えるうえで大切な植物なので、ここで取り上げることにする。

屋久島の成り立ち

屋久島は九州の最南端、佐多岬から南南西に約六〇キロメートルの洋上にある。この島には多くの

固有種*が存在することでも知られる。一九九三年には、世界自然遺産登録を受けた。

屋久島は、周囲約一三〇キロメートル、南北二四キロメートル、東西二八キロメートルで、すり鉢を伏せたような小さい島だ（**図1**）。島の中心部には、宮之浦岳（一九三五メートル）、永田岳（一八九〇メートル）、翁岳（一八五〇メートル）など、標高二〇〇〇メートル近い山々がそびえ立つ。平地は海岸線に、わずかに点在するだけだ。その平地に亜熱帯植物が茂り、散在的に小さい水田が開かれている。一方、宮之浦岳や永田岳では、冬期に冠雪を見る。亜熱帯と亜寒帯が同居する不思議な島だ。

標高一六〇〇メートル付近には花之江河《はなのえご》などの高地湿原（**図2上**）が散在する。

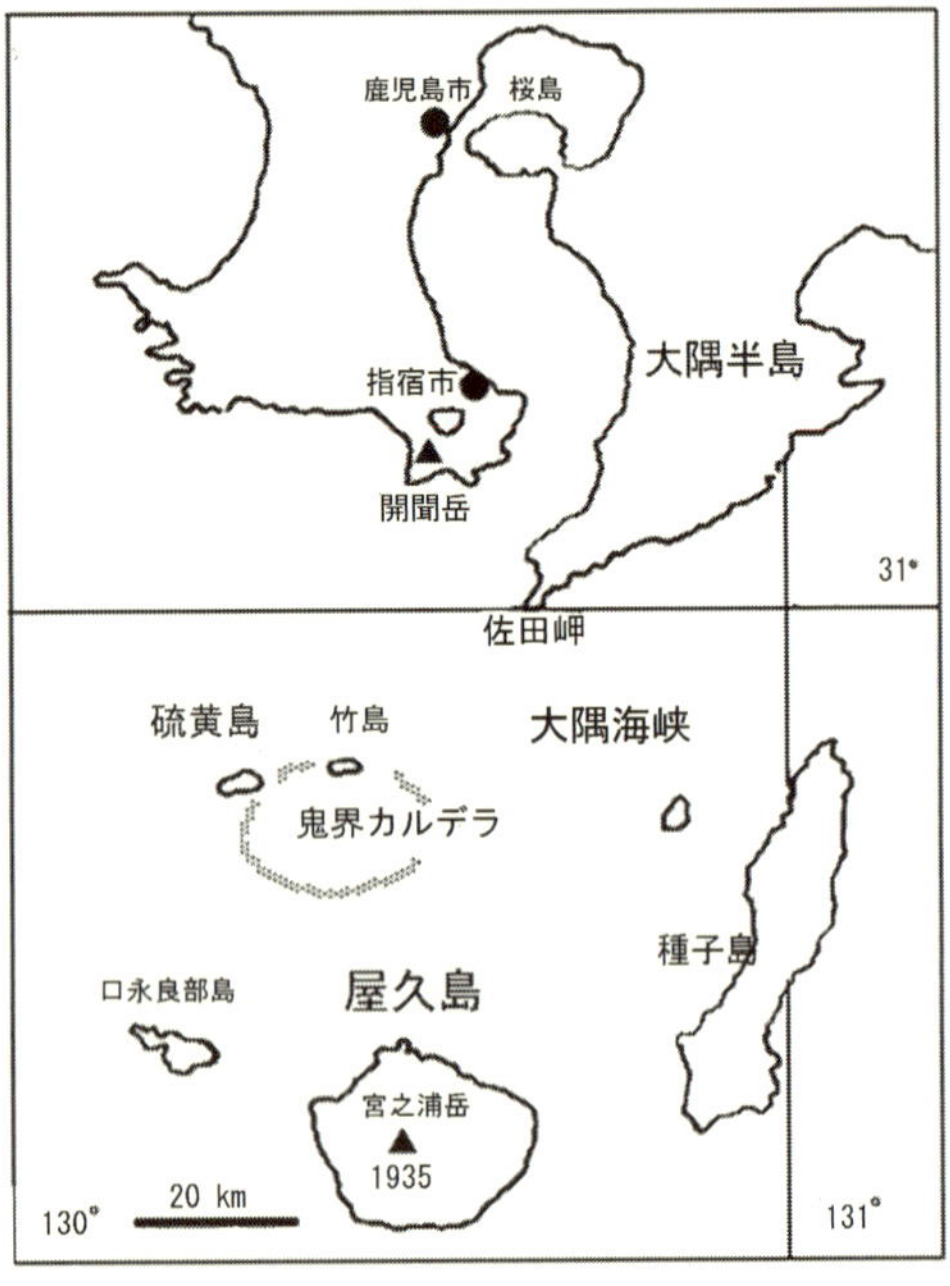

図1　屋久島の位置

屋久島の山頂近くは、強い風と冬期の低温のため、高木は見られない。そこには、ヤクシマザサが優占する群落が広がり、点在する大きな岩の間に根を張って、岩隙《がんげき》植物が生える。

島の大半は、火山性深成岩（地球のマグマが地下深くで固まってできた岩石）の花崗《かこう》岩から成っている（佐藤・長浜 一九七九）。それは、約一四〇〇万年前に、海底から岩石が洋上へとせり上がってできた島であることを示唆している。このことを裏づけるように、島の海岸には岩崖《がんがい》が発達している（図2下）。

この島の植生は、六〇〇〇～五〇〇〇年前（縄文時代）に島全体を覆った幸屋《こうや》火砕流**でほぼ全滅したらしい。つまり、幸屋火砕流は、ヒメキツネノボタンの種分化のみではなく、屋久島の植生を考えるうえで深い関わりをもつ。

* 初島住彦（一九八〇）は、屋久島の固有種として四二種、固有変種として一二変種をあげている。

**火口から噴出する高温の乱流堆積物で、大きな軽石や岩片、火山灰などが混然としており、層状に堆積することはない。堆積物内部は高温なため、時にはガラス質粒子が変形・溶着して一見溶岩のような形状（灰岩、泥溶岩）を見せることもある。

図2　屋久島。上：花之江河　下：岩崖海岸

幸屋火砕流

幸屋火砕流の最初の発見者は宇井忠英である。発見当時は、鹿児島湾入口に位置する指宿《いぶすき》市幸屋地方を中心に、九州南部に薄い層で広く広がっているとされていたが（宇井・福山 一九七二、宇井 一九七三）、その後、四国の一部にまでも広がっていることが明らかになった。町田洋の報告（一九七七）によれば、宮之浦岳頂上で見られる厚さ数メートルの軽石層（木下 一九四〇）は幸屋火砕流と同じものだという。

屋久島の山頂に、このように厚い火砕流が残存している事実は、屋久島の高い峰々を乗り越えるほどに厚い層（二〇〇〇メートル以上）の高温の火砕流が屋久島へ押し寄せ、宮之浦岳や永田岳を乗り越えて、海上を流れていったことを物語っている（町田 一九七七）。その当時（縄文期）、山中に生えていた古屋久杉をはじめとするほとんどの植物は、幸屋火砕流のために消滅したはずだ（**図3**）。

このとてつもなく多量の火砕流は、屋久島から三〇キロメートルばかり北に位置する鬼界カルデラ（現在の竹島、硫黄島。**図1**参照）からの噴出物だろうと、町田（一九七七）は推定している。町田らの火山堆積物の研究結果を前提にすると、現在の屋久島で見られる固有種のほとんどは、屋久島の最近六〇〇〇年の歴史のなかで種を分化した植物たちらしい。

しかも、屋久島近辺の火山活動が盛んであった六〇〇〇年前は、縄文海進といって、地球の気温が現在よりも二〜三℃も高く、日本の平地の多くは海水の侵入で海面下に沈み、瀬戸内海は豊後水道や紀伊水道で太平洋とつながるなど、海岸線の地形が大きく変わった時期だ。陸上植物は、寒地性のものは北方や高山へと後退し、暖地性の植物が南から北へと分布を広げてきた(松島・前田 一九八五、Tsukada 1981, 1982a, b)。

こうした気候変動の背景を踏まえて、屋久島の固有種の一つであるヒメキツネノボタンの種分化の道筋を見てみよう。

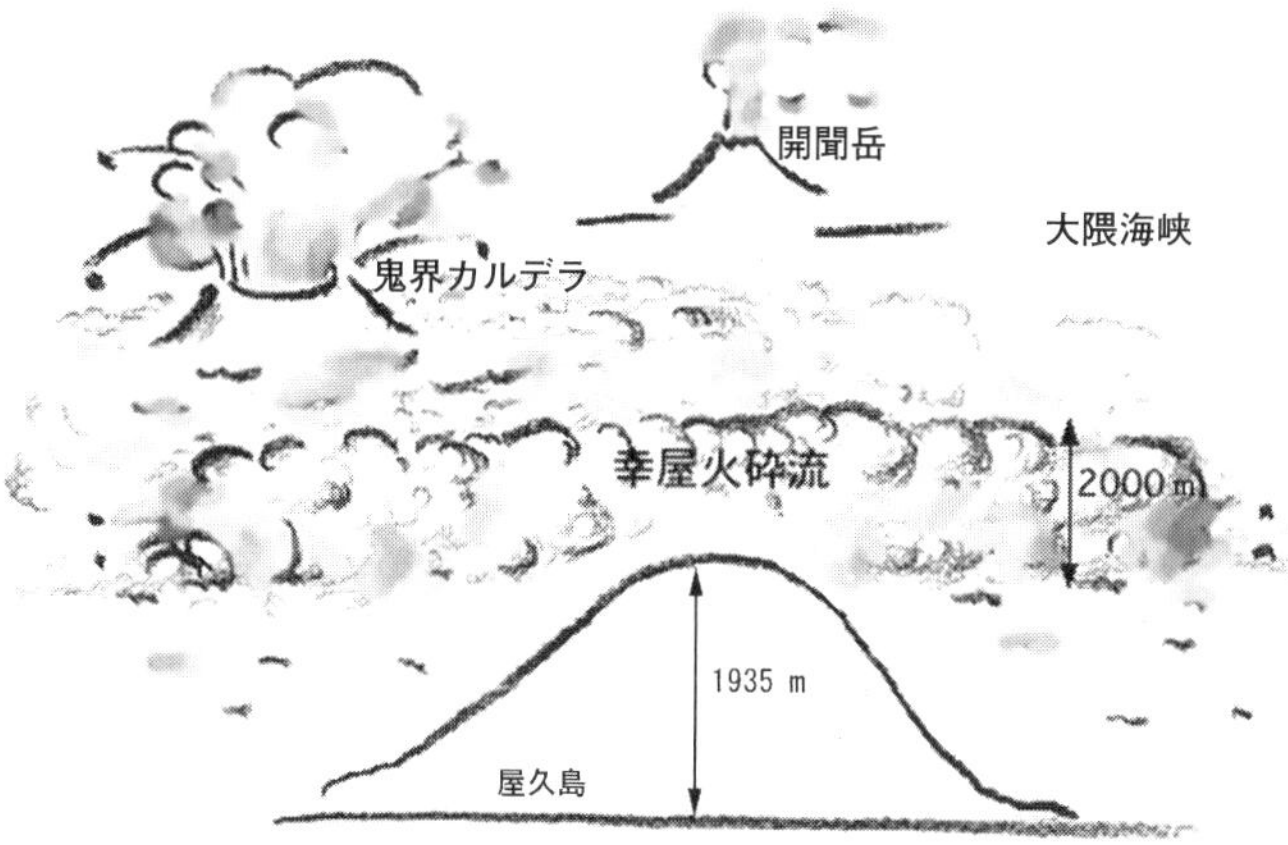

図3　幸屋火砕流襲来想像図

ヒメキツネノボタンとは、どんな植物？

過去の記録

ヒメキツネノボタンは、一九二八年七月、台北帝国大学教授であった正宗厳敬によって最初に発見され、*Ranunculus yaegatakensis* Masamu.*として報告された。キツネノボタンとは別種扱いになっている（Masamune 1929）。

図4と**図5**に示すように、ヒメキツネノボタンの茎は地面を這うようにのび（匍匐《ほふく》性）、その長さは一〇センチメートル以下の小さい（矮性）植物だ。キツネノボタンからは、一見して識別できる。この植物を平地へ移植すると、草体はやや大きくなるものの、匍匐性は高地に生えていたとき

図4　腊葉標本。左：ヒメキツネノボタン　右：キツネノボタン

と変わらないので、矮性と匍匐性は遺伝的だと見てよい。
図5Aに、一個体からの葉を根出葉(根元から出ている葉)から茎葉(地上の茎につく葉)へと並べた。ヒメキツネノボタンの葉の切れこみはどれも深く、キツネノボタン(**図5**B)とは明らかに違う。
図6は、二枚の子葉と第一葉(子葉の次に出る本葉)だ。キツネノボタン(**図6**左)では本葉の切れこみがほとんどなく、これが深くなるのは第三葉くらいからである。ところが、ヒメキツネノボタン(**図6**右)では第一葉からすでに深い切れこみが見られ、葉身は三片に分かれている。第一葉からすでに成熟した個体の葉に近い形を示しており、幼体を省略した生育の仕方だと岡田博は指摘している(岡田ほか 一九八五)。

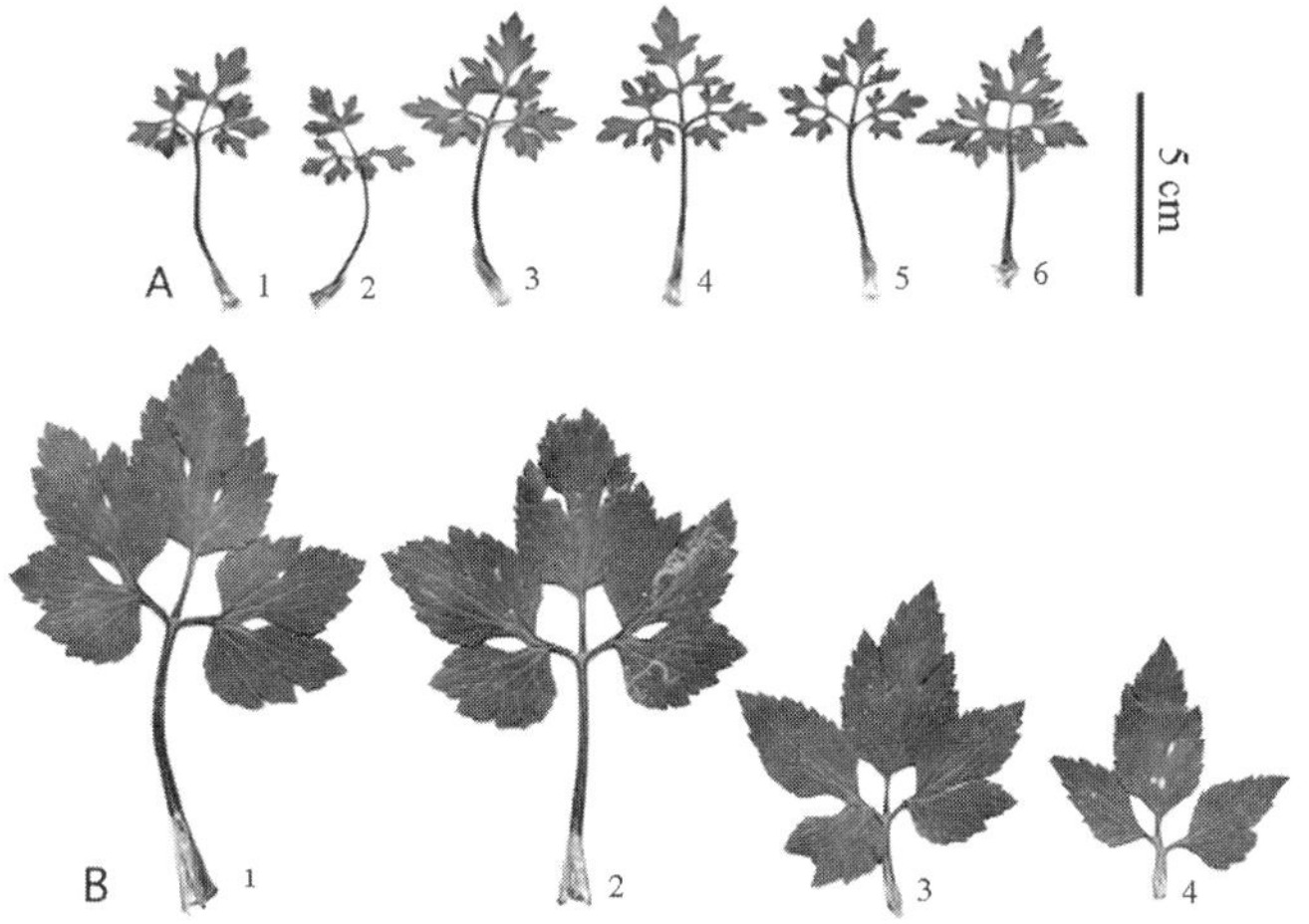

図5 葉の形。A:ヒメキツネノボタン B:キツネノボタン。茎の下位(1)から上位へと並べた

さて、このヒメキツネノボタンはキツネノボタンとどんな関係にあるのだろうか。右に見たように、ヒメキツネノボタンはキツネノボタンと形態的にかなり違っている。しかし、花や種子（正しくは果実）の形態はキツネノボタンに類似する（**図7**）。

一九七〇年代、ヒメキツネノボタンの染色体の研究は、まだ誰もやっていなかった。キツネノボタンと近縁で、しかも屋久島の固有種のヒメキツネノボタンの染色体の成り立ちを明らかにすることは、屋久島の固有種の起源を解き明かす手がかりを得るだけでなく、キツネノボタンの核型《かくがた》分化の歴史的時間の決定に、新しい手がかりを開く可能性もある。しかし、染色体を見るには、若くて元気な植物を使わなくてはならない。ヒメキツネノボタンを屋久島から採集

図6　（上）　第一葉の形。左：キツネノボタン　右：ヒメキツネノボタン（深い切れこみがある）

図7　（左）　キツネノボタン（左列）とヒメキツネノボタン（右列）との比較。上：花、中：集合果と茎（開出毛）下：種子（そう果）

して来るしかない。

＊学名（種名）は、「八重岳の」という意味であるが、屋久島には八重岳という名の山はない。島の中央部にそびえる宮之浦岳、永田岳、栗生岳、黒味岳などの連山を八重岳連峰という。

屋久島での探索

研究用にという理由で採集許可をもらい、一九八二年七月に一回目の採集に出かけた。地図を頼りの山行だから、山中での野宿は覚悟した。簡易テントに雨具、寝袋、自炊道具をつめこんだザックはかなりの重装備だ。「胴乱」という採集した植物を無傷で持ち帰るための用具も、持参しなければならない。

鹿児島港から屋久島行きの連絡船に乗った。

ザックと胴乱を背負って、海抜ゼロメートルからヒメキツネノボタンが生えているはずの一七〇〇メートル近辺の高所への採集山行は、思いのほかの重労働だ。屋久島の登山道は急坂が多く、小休止がほとんどとれない。

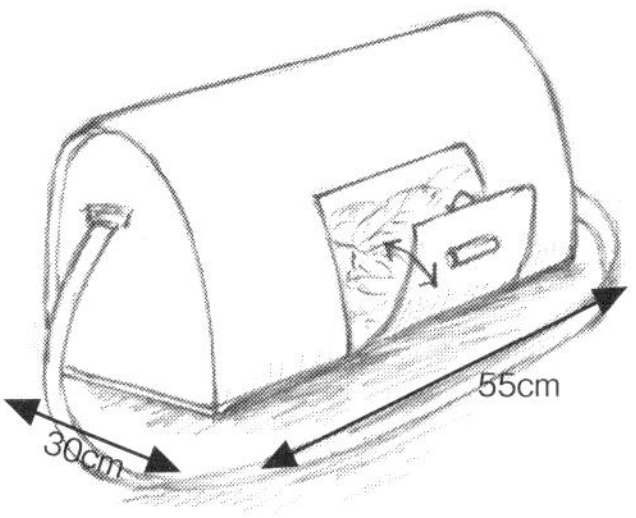

図８　胴乱。材質はブリキ、駆けヒモは麻織り

第一日目のビバーク予定地は淀川小屋だ。小屋に到着して携帯用の石油コンロで自炊を終えたときは、辺りは漆黒の闇になっていた。ヘッドライトの明かりをたよりに、後片づけをして寝袋に入った。小屋に相棒は誰もいない。昼間の疲れで、すぐにまぶたが重くなりかけた。と、そのとき、何者かが顔の上を走った。寝袋の上へも複数の何者かが走った。ヘッドライトのスイッチを入れると、枕元のザックの上から走り去る数匹の野ネズミが視野に入った。米・魚の干物などの食料をねらって、ザックにネズミが群がっていたのだ。ザックを床に置いていては、ネズミ軍団に穴をあけられ、食料を強奪されかねない。ザックはロープでしばって梁《はり》につるすことにした。この年は、野ネズミが異常発生したのだと、下山してから聞いた。

この山行では、宮之浦岳、永田岳を歩いて、何の収穫もなく帰宅した。しばらくして、ほかにもヒメキツネノボタンを探索している研究者がいるということを聞いた。この後も、二回のヒメキツネノボタン探索を試行したが、収穫はなかった。

一九二八年に、正宗が採集したヒメキツネノボタンの腊葉標本は、東京大学の標本室に確かにある。さらに、正宗が一九二八年に鹿児島県の依託を受けて屋久島の植生調査をしたおりの報告書の植物目録に、「ヒメキツネノボタン（新称）」の記載がある（正宗 一九二九）。以上の二点から、ヒメキツネノボタンは確かに屋久島で生えているはずだと思うのだが。

そんな空振りを続けているとき、大阪大学助教授だった田村道夫から「屋久島のヒメキツネノボタンを入手できた。二個体をそちらへ送るから、染色体の確認をしてほしい」といった主旨の手紙とともに、植物が送られてきた。ヒメキツネノボタンの染色体を直接見ることができるチャンスを与えてくれた田村の親切に感謝。さっそく、顕微鏡をのぞいてみることにした。

ヒメキツネノボタンの染色体

染色体数は、根端細胞で一六個、核型はキツネノボタンの唐津《からつ》型であった（**図9**、**図10**）。

田村と同じ大学にいる岡田は染色体研究のプロだ。だから、ヒメキツネノボタンの染色体研究は、すでに岡田が終了しているはずだ。そう考えて、私の観察結果が正しいかどうかの確認を岡田にお願いした。岡田らの論文（一九八五）に、私が送った染色体の顕微鏡写真を使用するからという連絡がきた。論文に使用してもらえるとは思っていなかったが、私の結果は岡田の校閲に合格したらしい。

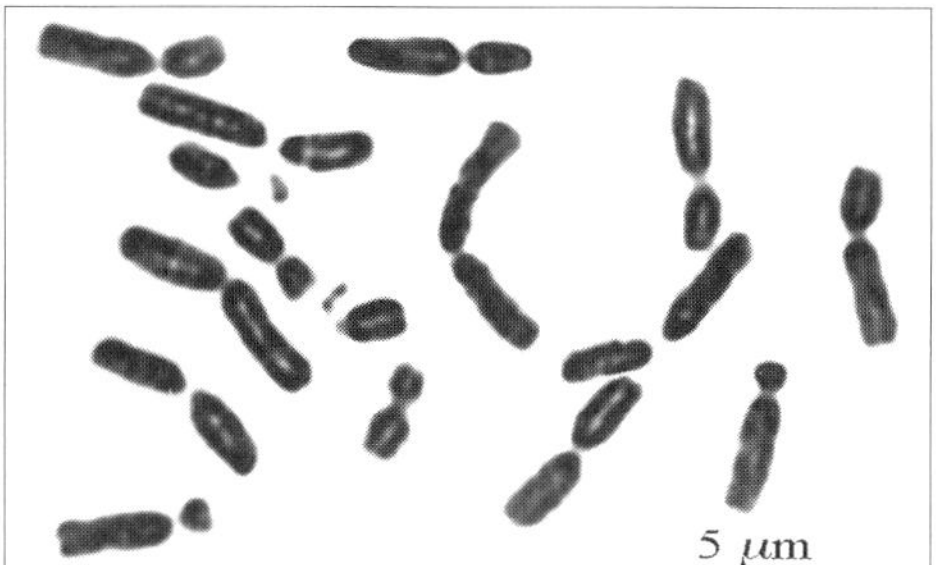

図9　ヒメキツネノボタンの根端中期染色体（唐津型）2*n*=16

ヒメキツネノボタンの核型の確認

一六個の染色体が示す核型は、確かに唐津型だ。九州本島のキツネノボタンの唐津型と視覚的には区別できない。また、屋久島の低地に生えるキツネノボタンの核型（唐津型）とも同じだ。しかし、念のためだ。両者の雑種F_1をつくって、核型の差異を遺伝学的に確認することにした。

しかし今度は、松山型と唐津型の雑種をつくるのとは違って、少々慎重を要する。両者の核型が、ともに唐津型と判断されるほどに酷似している。交配の結果、確かに雑種ができたという証拠がなければならない。

幸いに、キツネノボタンとヒメキツネノボタンとは、**図4**に示すように外部形態が一見して違う。この、外形の違いを指標に使うことにした。たとえば、キツネノボタンを母方とし、ヒメキツネノボタンを父方にする。雑種F_1が父方と同じに矮性なら、この人工交雑は成功しているはずだ。

両者の雑種F_1の細胞内で染色体を比較してみても、染色体間に形態上の違いはなさそうだ。ヒメキツネノボタンの核型も、唐津型としてよいだろう（**図10**）。

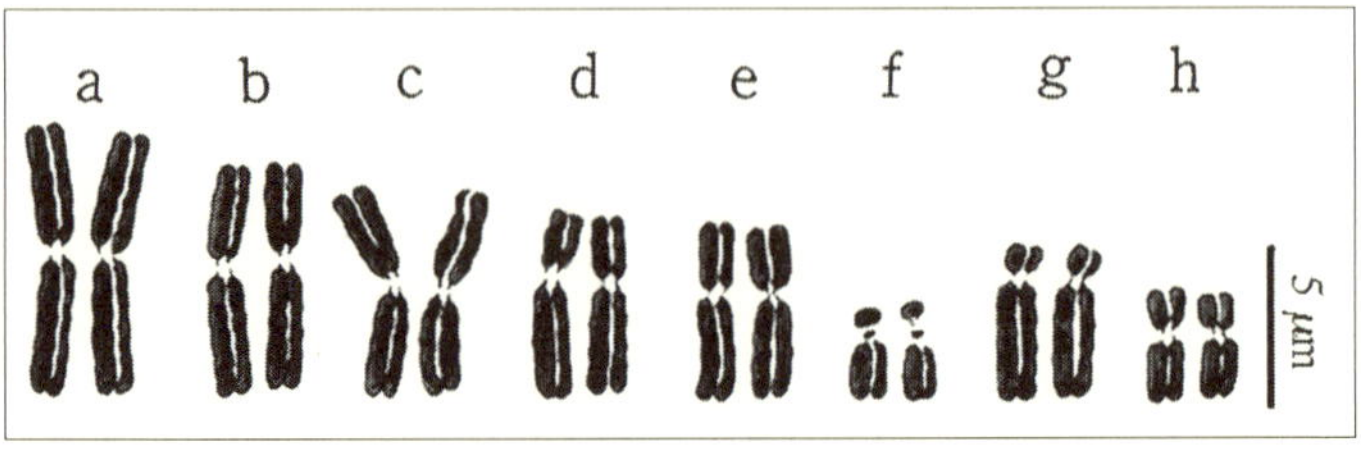

図10　キツネノボタンとヒメキツネノボタンの雑種F_1の核型（唐津型）$2n=16$（Fujishima *et al.* 1990 から引用）

しかし、牟岐《むぎ》型と小樽《おたる》型との関係のように、核型は類似していても、染色体の構造上の変異（相互転座や逆位など）が介在している可能性は捨てきれない。

キツネノボタンとヒメキツネノボタンの間で、染色体の構造的変化が起こっていれば、F_1の減数分裂は正常でなくなる。花粉にも異常なものが出てくる。当然、種子稔性も悪くなる。これらを調べてみた。減数分裂は規則的だ。減数分裂第一中期では、両親と同じように八個の二価染色体が見えた（**図11**）。

種子稔性は八三％を超えた。ヒメキツネノボタンの平地*（鳥取市）での種子稔性が六六％程度だから、F_1の八三％は良好といってよい。

＊平地での人工栽培は、鳥取市にある鳥取大学実験圃場《ほじょう》で行なった。栽培ハウスからの逸出を防ぐため、圃場は林床にネザサが密生する灌木林で囲まれた場所を選んだ。

野外での観察

ヒメキツネノボタンとキツネノボタン唐津型とを野外で同居させてみたところ、ヒラタアブ類のような訪花昆虫によって花粉が運ばれ、両者の間で簡単に自然雑種ができた。

右に見たように、ヒメキツネノボタンは、細胞学的にはキツ

図11　ヒメキツネノボタンの減数分裂第一中期。8個の二価染色体（Fujishima *et al.* 1990から引用）

ネノボタンの唐津型と同じだ。キツネノボタン唐津型との間には人工雑種のみではなく、実験圃場のなかではあるが自然雑種も簡単にできてしまう。キツネノボタン唐津型との間に、遺伝学的な生殖的隔離が存在しないことも明らかになった。

すでに第1章で書いたように、キツネノボタンの四つのサイトタイプ、松山型、牟岐型、小樽型、唐津型の間では、確実に生殖的隔離が成立していた。ところが、キツネノボタン唐津型とヒメキツネノボタンとの間には、草形に大きな違いがあるにもかかわらず、生殖的隔離が成立していない。したがって、ヒメキツネノボタンの成立にはいろいろな可能性が考えられるが、キツネノボタン唐津型から遺伝子突然変異で種分化したと考えるのが、もっとも自然だ（Fujishima *et al.* 1990）。

ヒメキツネノボタンの種分化の道筋

キツネノボタンの屋久島への侵入

ヒメキツネノボタンがキツネノボタン唐津型から分化したのだとすれば、いつ頃、どんな道筋をたどって、ヒメキツネノボタンという新しい種（変種）が分化したのだろうか。

約六〇〇〇年前の幸屋火砕流で屋久島の植生はほぼ壊滅したらしいことはすでに書いた。だとすれば、これ以後にヒメキツネノボタンが屋久島で生活をするようになったはずだ。

唐津型は、縄文海進（約六〇〇〇年前）以前には九州山地のどこかで、松山型から派生していたはずだ（第1章参照）。

現生のキツネノボタンは唐津型のみならず、松山型、牟岐型、そして小樽型も共通して雑草的生き方をしている。だから、荒地での生活が得意な雑草的（荒地植物的）な性質は、四サイトタイプの祖先型キツネノボタン（松山型）にすでに備わっていた遺伝的な性質のはずだ。

九州で唐津型を分化したキツネノボタンは、幸屋火砕流襲来後も九州のどこかで生き残っていただろう。火砕流で植生が壊滅的打撃を受けた屋久島へは、雑草的（荒地植物的）性質をうまく使って、ほかの植物に先がけて侵入していったにちがいない。

屋久島の植生回復が始まろうとする時期は、今よりも気温が二～三℃高い、縄文海進時代に相当する。暖地適応型の唐津型も、標高一六〇〇メートル辺りの鹿之沢、花之江河などの高地湿原へ侵入することができたはずだ。

ヒメキツネノボタンの分化

四五〇〇年前くらいから、日本列島の気温は徐々に低下しはじめた。これまで屋久島の高地湿原で安穏に生活していたキツネノボタン唐津型は、しのびよる寒気に対応を迫られた。花之江河や鹿之沢辺りから海岸平地へと撤退するか、耐寒性を獲得して屋久島の高地に踏み止まるか、どちらかの選択である。

幸屋火砕流の襲来から、すでに一五〇〇年が過ぎている。この頃になると、屋久島の植生はほとんど現在の状況に近いほどに回復をしていたのではないだろうか。屋久杉や縄文杉の樹齢は六〇〇〇年とも二〇〇〇年ともいわれる。現在の屋久島には、スギが混生する森（温帯性雲帯林群系）が標高一四〇〇～一七〇〇メートル帯で見られる（初島 一九八〇）。寒冷化が進む二〇〇〇年前には、花之江河や鹿之沢か、これよりも標高の低い地帯に森林帯が形成され、この森林帯が障壁になって高地のキツネノボタンは平地への回帰が不可能になっていたはずだ。高地湿地へ閉じこめられたキツネノボタンは、耐寒性を獲得して現地に踏み止まるしか生き残る道はなくなっていた。

突然変異という手段で耐寒性を獲得した新個体の一つが、ヒメキツネノボタンとしての出発点になったにちがいない。この突然変異は、染色体の形には変化が見られない遺伝子突然変異であり、新形質は優性であった。

背の高いエンドウと背の低いエンドウを交配すると、雑種第一代ではすべて背が高くなる。この場合、背が高い形質を優性と定義する。これは、G・メンデルが行なった有名な実験の一つだ。

一般に、突然変異遺伝子が示す形質は、環境への不適応型が多く、それらは劣性を示す。劣性遺伝子aと正常遺伝子AがペアAaになっているヘテロ個体では正常形質が表現され、劣性遺伝子aは、気づかれないままに集団内に拡散していく。劣性遺伝子をもつヘテロ個体が集団内に増え、やがて、Aa個体同士が子孫をつくるチャンスが到来する。このヘテロ個体同士の子孫では、AA（1）、Aa（2）、aa（1）の割合で子孫ができ、劣性遺伝子がペア（aaホモ）になるチャンスがめぐってくる。ここではじめて、劣性形質が表面化する。a遺伝子が表現する形質が不適応形質だと、aa個体は死滅（致死）し、集団から排除されるが、Aaは正常だから集団内で生きつづける。だから、不適応型の突然変異遺伝子は劣性のほうが、集団内にその遺伝子をもった子孫を残せるチャンスは高い。

キツネノボタンとヒメキツネノボタンとの雑種第一代では、キツネノボタンよりも背が低くなる。背が低くなる性質（矮性）は優性だ。ヒメキツネノボタンの矮性が自然環境に対して生存上有利ならば、優性に発現することで変異個体が生きのびるチャンスは高くなる。

キツネノボタンは秋に発芽し、冬に葉を広げて、初夏に開花・結実する（第1章参照）。したがって、冬期の気温が生育に大きく作用する。

冬の降雪がほとんどない平地で、キツネノボタン唐津型とヒメキツネノボタンとを混植して放置すると、三年以内にヒメキツネノボタンは混植地から消え、キツネノボタンだけが残る。ヒメキツネノボタン（矮性）の上部空間へ葉を広げることのできるキツネノボタン（立性）が、暖かい場所での生存競争には有利だ。平地では、ヒメキツネノボタンはキツネノボタンに排除されて、子孫を残せない。しかし、ヒメキツネノボタンの周辺からキツネノボタンを除去しつづける実験区では、すでに一五年以上、ヒメキツネノボタン集団が維持されている。

この事実から、屋久島の高地湿原では、冬の寒さで唐津型キツネノボタンが消え、ニッチ（生態的地位）を同じくする競争相手がいなくなったヒメキツネノボタンは生き残りを果たせたにちがいない。

ヒメキツネノボタンの種分化時期を幸屋火砕流発生以後とすることが妥当ならば、幸屋火砕流の発生に前後してキツネノボタン唐津型は九州へ進出した松山型からの分化を果たしていたはずである。

ここまで見てきたことをまとめると、屋久島の固有種ヒメキツネノボタンは、外部形態的にはキツネノボタンから峻別できるが、細胞学的にはキツネノボタン唐津型から類別できない。幸屋火砕流発生後にキツネノボタンから分化した種（変種）と考えられる。

column

世界遺産に登録された屋久島

屋久島はスギの巨木、屋久杉で観光的によく知られた孤島だ。生物学的には多くの固有種があることが知られている。固有種には、ヒメキツネノボタンのように矮性なものが多く（Yahara *et al.* 1987）、ヤクシマニガナ、ヒメウマノアシガタなどのように、四国や本州の高山に見られる高山植物のような形態を示す。

九州の平地に生育する種と屋久島の固有種との関係が明らかにされたのは、ヒメキツネノボタンが最初だ。ほかの固有種の多くについても、固有種化した道筋は違うかもしれないが、ヒメキツネノボタンと同様に、幸屋火砕流襲来後の六〇〇〇年間において屋久島の自然が成し遂げた造形の結果ではないか、と私は勝手に思いこんでいる。

屋久島の多様な自然環境は、屋久島独自の貴重な動植物を短期間に分化させたようだ。

屋久島が世界遺産に登録されたこと自体はよろこばしいが、このことで屋久島への観光客はうなぎ上りに増加している（二〇〇七年度、約四〇万人。屋久町統計資料による）。東西二八キロ、南北二四キロ、島周囲約一三〇キロのこの小さい孤島への、年間四〇万人を超える観光客の参入は、人間の生理的排泄物だけでも相当な量である。人の踏み跡による物理的破壊とともに、島の自然保全にとっては無視できない数値だ。

六〇〇〇年の時間は、地球の歴史的時間単位では瞬時のことだが、人間の時間単位で見れば気が遠くなるような長い歳月だ。一時の観光で、長い島の歴史が失われることのないように配慮したい。

第3章

ケキツネノボタンは多型的な複合種、種の起源は複雑だ

ケキツネノボタン（キンポウゲ科）はキツネノボタンによく似た草本で（**図1**）、生える場所も田んぼのあぜや水路の土手など、互いによく似ている。

一九七〇年代くらいまでは、冬に水たまりの残る水田や水路にはキツネノボタンが、人家近くのやや乾燥気味の田んぼや家庭廃水の流入する水路ではケキツネノボタンが見られた。山地の

図１　ケキツネノボタンの草形。左上：集合果と１つの果実（矢印）。果実の先端（柱頭）は外曲しない

湿った林床にキツネノボタンは生えるが、ケキツネノボタンはそうした場所には決して見られない。染色体数は32、核型《かくがた》を調べてみると、キツネノボタンよりもさらに多くのさまざまな核型が見つかった。種の成り立ちが、キツネノボタンとは違っている。

ケキツネノボタンは、近縁な二種類の植物の交雑によって、誕生したと考えられる。この事実を、

①ケキツネノボタンの核型変異を検証すること

②ケキツネノボタンとキツネノボタンとの人工雑種の減数分裂を解析すること

の二つの方法で、本種が雑種による多起源性植物であることを明らかにしようと思う。

ケキツネノボタンの外部形態

ケキツネノボタンは「毛の多いキツネノボタン」の意味である。草形はキツネノボタンに似ているが、やや壮大、茎や葉柄にたくさんの開出毛《かいしゅつもう》(茎から横にのびる毛)をもつ(**図2**左)。しかし、キツネノボタンにも茎や葉柄に多くの毛をもつ個体があるので(**図2**右)、毛の多少での識別は難しい。

葉形(葉身)は多型で、コキツネノボタンに似たもの(松山産)からキツネノボタンに類似するもの(米子産)まで、変異に富む(**図3**)。

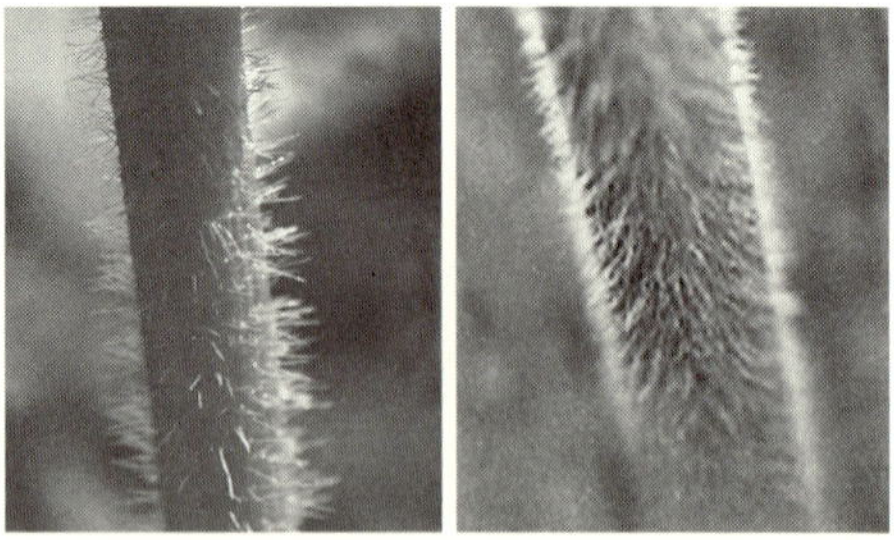

図２　ケキツネノボタン（左）とキツネノボタン（右）の茎表面の軟毛

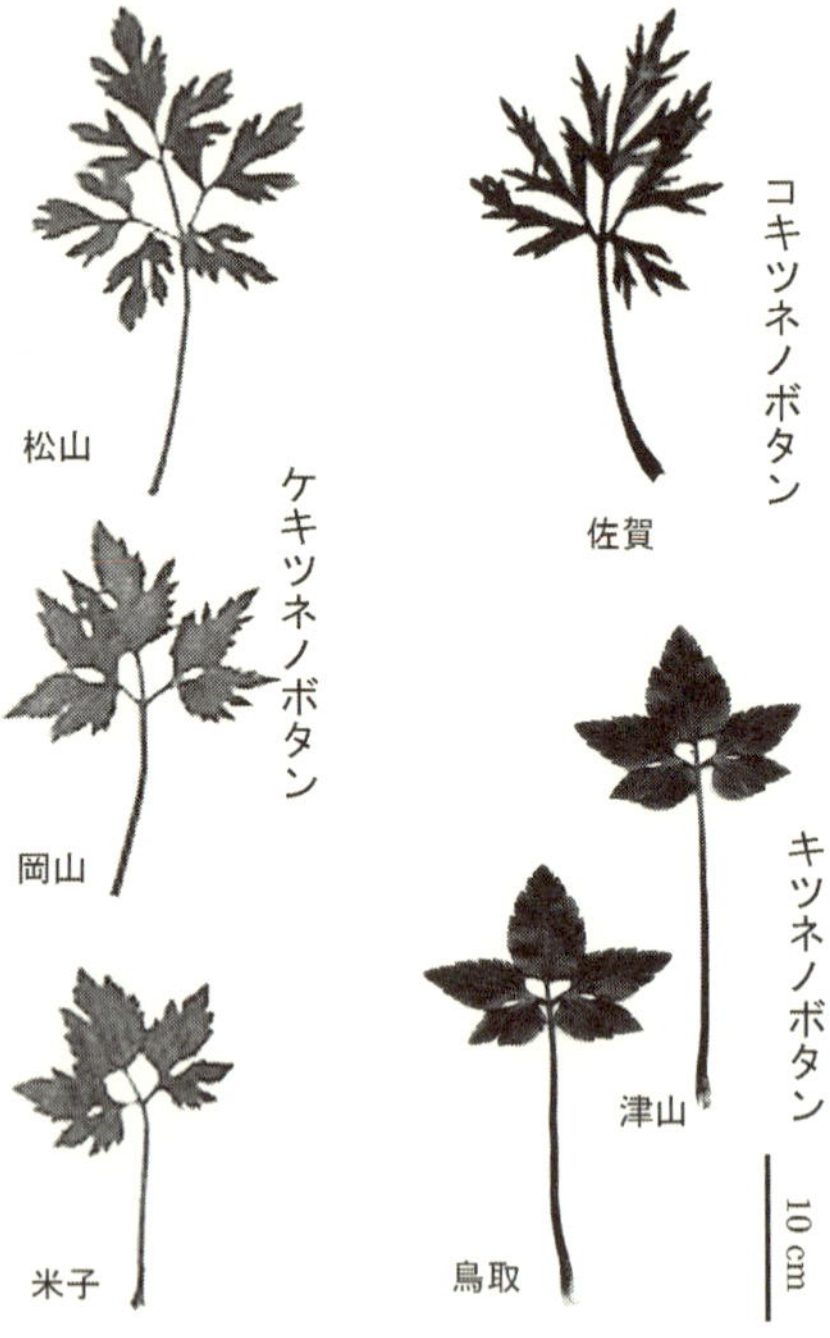

図３　根出葉（根元からの葉）。左：ケキツネノボタン　右上：コキツネノボタン　右下：キツネノボタン。図中の地名は採集地

一九七〇年代には、やや乾燥気味の田んぼや麦畑の湿ったあぜにコキツネノボタンが生えているのをしばしば見た（**図４**右）。ケキツネノボタン（**図４**左）とほぼ同じ場所に生えるうえに、葉形がケキツネノボタンに似ているので、種子（果実）のない若い個体では、両者の識別は難しい。

だが、花や種子（果実に種子が一個のみしかつかないので、そう果という）がつくと、キツネノボタンやコキツネノボタンから明瞭に識別できる。ケキツネノボタンの種子の先端（めしべの先端部分）はほとんど外曲せず（**図1矢印**）、地上茎は十分に中空だ。集合果（そう果が集まった果実。**図1左上**）は、キツネノボタンやケキツネノボタンは球形だが、コキツネノボタンは円柱形である。

ケキツネノボタンとキツネノボタンの生態的な分布

ケキツネノボタンもキツネノボタンもともに田んぼに生えて、雑草となる。しかし、両種の生態的な分布は、若干違っている。

一九八七年に松山平野（愛媛県・道後平野ともいう）で二種の分布調査をした（**図5上**）。

松山平野のほぼ中央を東から西へと重信川が貫流する。この川より北側に市街の中心部が広がる。

ケキツネノボタン（**図5上●印**）は山間部に少な

図4　腊葉標本（佐賀市産）。左：ケキツネノボタン　右：コキツネノボタン

く、平野部の田んぼ、特に人家の建ち並ぶ水田地域に多く見られる傾向を示した。

ケキツネノボタンとキツネノボタンがともに見られる田んぼでは、多湿な場所（水路側壁や湿田）にキツネノボタンが、乾燥気味な場所（あぜや農道側壁）にケキツネノボタンが生えていた。キツネノボタンとケキツネノボタンは、ニッチ（生態的地位）を分けて生活している。

図5下は、最初の調査から二〇年たった二〇〇六年に調査したものである。調査地点は前回と同じにするよう努めた。

松山平野の圃場《ほじょう》整備が進み、水田の水環境は大きく変わった。水田の乾田化事業が進められていく一方で、休耕田や放棄水田が増えた。特に山地の棚田の一部や市街地に孤立した田んぼは耕作が放棄されたものが多い。水田が乾燥化すると、そうした場所からはキツネノボタンが消え、入れ替わるようにケキツネノボタンが見られるようになった（**図5**下）。両種とも見ることのできなかった調査地（×印）もあった。

ケキツネノボタンの核型の特徴

ケキツネノボタンの染色体数は32で、キツネノボタンの16とは倍数関係にある。ちなみにコキツネ

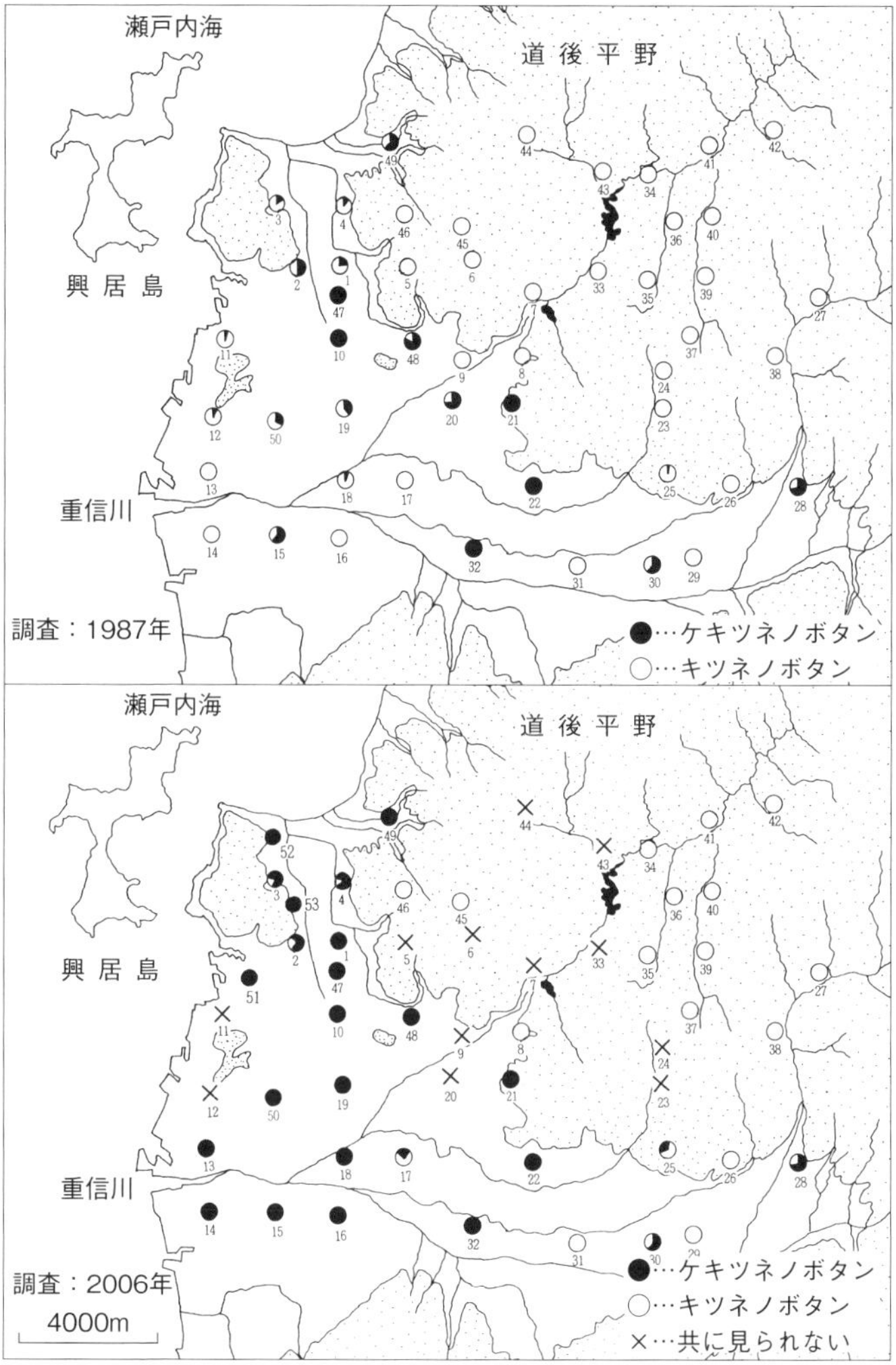

図5　松山平野におけるケキツネノボタン（●）とキツネノボタン（○）の生態的分布。×印は両種の見つからなかった調査地。□部は標高30メートル以上の地域

ノボタンも$2n=16$である。

核型については、ケキツネノボタンの初期の研究には、栗田正秀の報告がある（Kurita 1955）。論文に示された核型図を見ると、四個ずつ対の32染色体がスケッチされており、同質四倍体のような核型である。

At-核型グループ

栗田が研究に用いたケキツネノボタンの採集地と同じ場所から数個体を採集し、これの核型を調べ、栗田が論文で示したのと同じ核型を再確認することができた（図6A）。

付随体染色体は同形のものが四個そろっている（同質四倍体的、図6矢印▼）。しかし、同質的とはいえない核型も見つかった（例：図6B、C）。

四個の付随体染色体のすべてが、キツネノボタン松山型（牟岐型）の付随体染色体と同形のもの（図6矢印）で構成されている核型を一つのグループ（At-核型）としてまとめた（図6A〜C、付随体染色体の松山型と牟岐型は同型同質なので、以後は松山型と表記）。

ケキツネノボタンは染色体数が32で、キツネノボタン（$2n=16$）の二倍だ。九州から北海道までの五六調査地から四二七個体を集めて、核型の一つひとつを明らかにしていくという作業を始めた。

染色体数が多いので、核型調査を正確にしようとすると、思いのほか時間がかかる。あくまでもマイペースでいくことにした。

松山平野以外でのケキツネノボタンの核型は、付随体染色体の形態を指標にすると、以下のグループに分けられた（Fujishima 1984）。

Mi-核型グループ

宮城県角田市で採集した一八個体のなかに、付随体が松山型二個（**図7**A矢印）と小樽《おたる》型二個（**図7**A矢じり印▼）が同時に見られる個体が見つかった（Mi-核型）。

Ma-核型グループ

東京都八王子市の一七個体では、Mi-核型が一五個体、At-核型が一個体であった。残りの一個体は**図7**Bの矢じり印に示した付随体染色体を見た（Ma-核型）。この採集地から

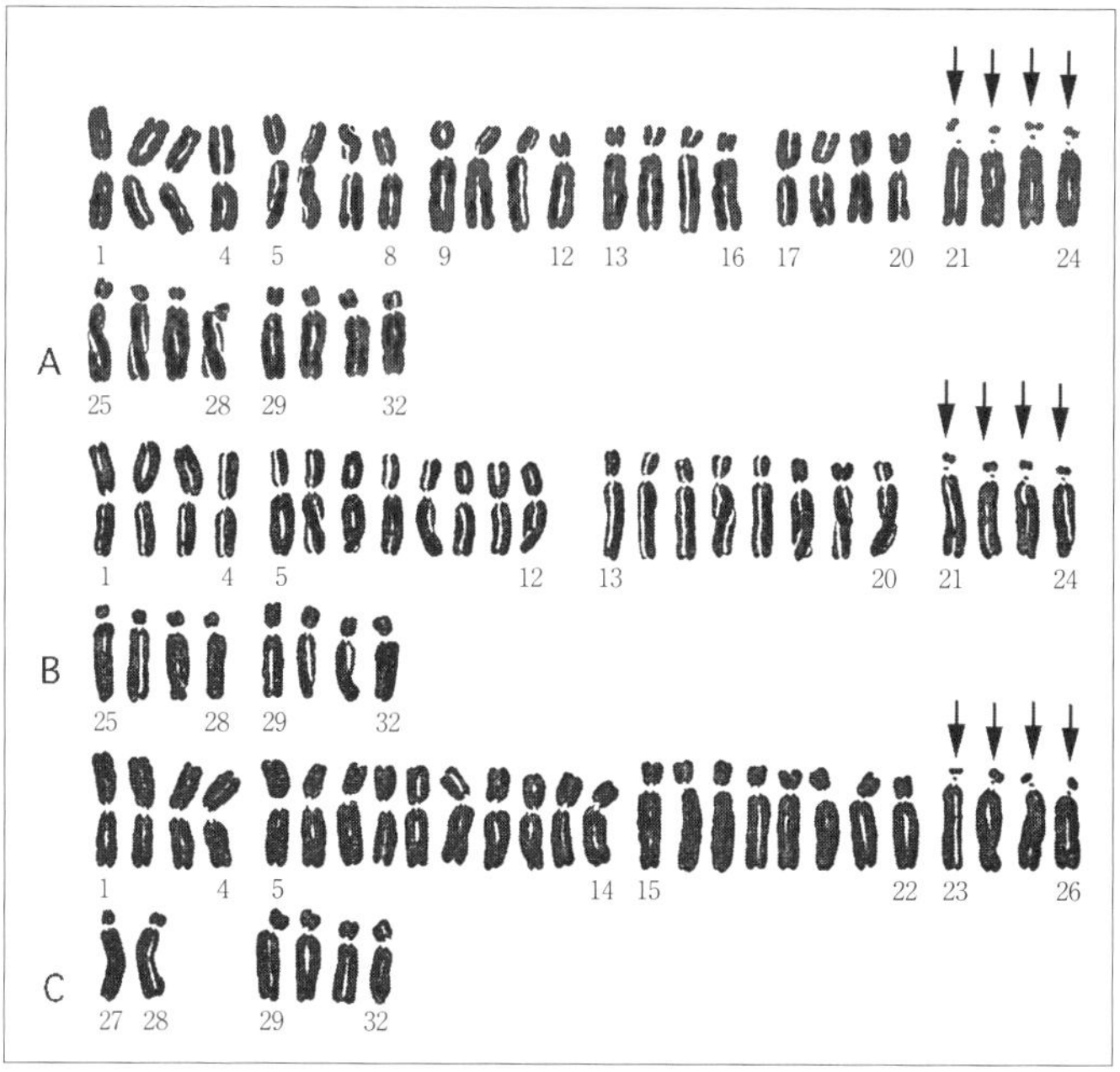

図6　ケキツネノボタンのAt-核型。4個の松山型（牟岐型）付随体染色体（矢印↓）をもつ。A：同質四倍体的核型　B、C：変異型核型

は、三つの違った核型グループを同所的に確認できた。

Ha-核型グループ

山口県萩市からの一五個体のうちの五個体に**図7**C矢じり印（付随体と短腕とがほぼ同形同大）が見られた（Ha-核型グループ）。Ha-核型は、今までのところ萩市とその周辺地域のみでしか見つかっていない。

P-核型

以上のどの核型グループにも該当しない核型（**図8**）が、自然集団に散見された。これらを、変異型核型（P-核型）とした。

系統分類学ではケキツネノボタンは一種として扱われる。しかし、キツネノボタンと同様にケキツネノボタンも核型の違った植物（サイトタイプ）の集合体であることが明らかになった。しかし、その集合体のつくりがキツネノボタンとは違っている。

松山平野で調査範囲を広げ、さらに多くの個体数の核型を調べると、At-型のほかに、Ma-型、Mi-型も見つかった。同じように、八王子市、茨城県勝田市、埼玉県秩父市、鳥取県鳥取市など五六調査地中、二二調査地で複数の核型が同所的に見つかった。一つの核型しか見つからなかった採集地は、ほとんどが一〇個体以下の少数個体を調べた場所だ。そうした場所も調査個体数を増やせば、いろい

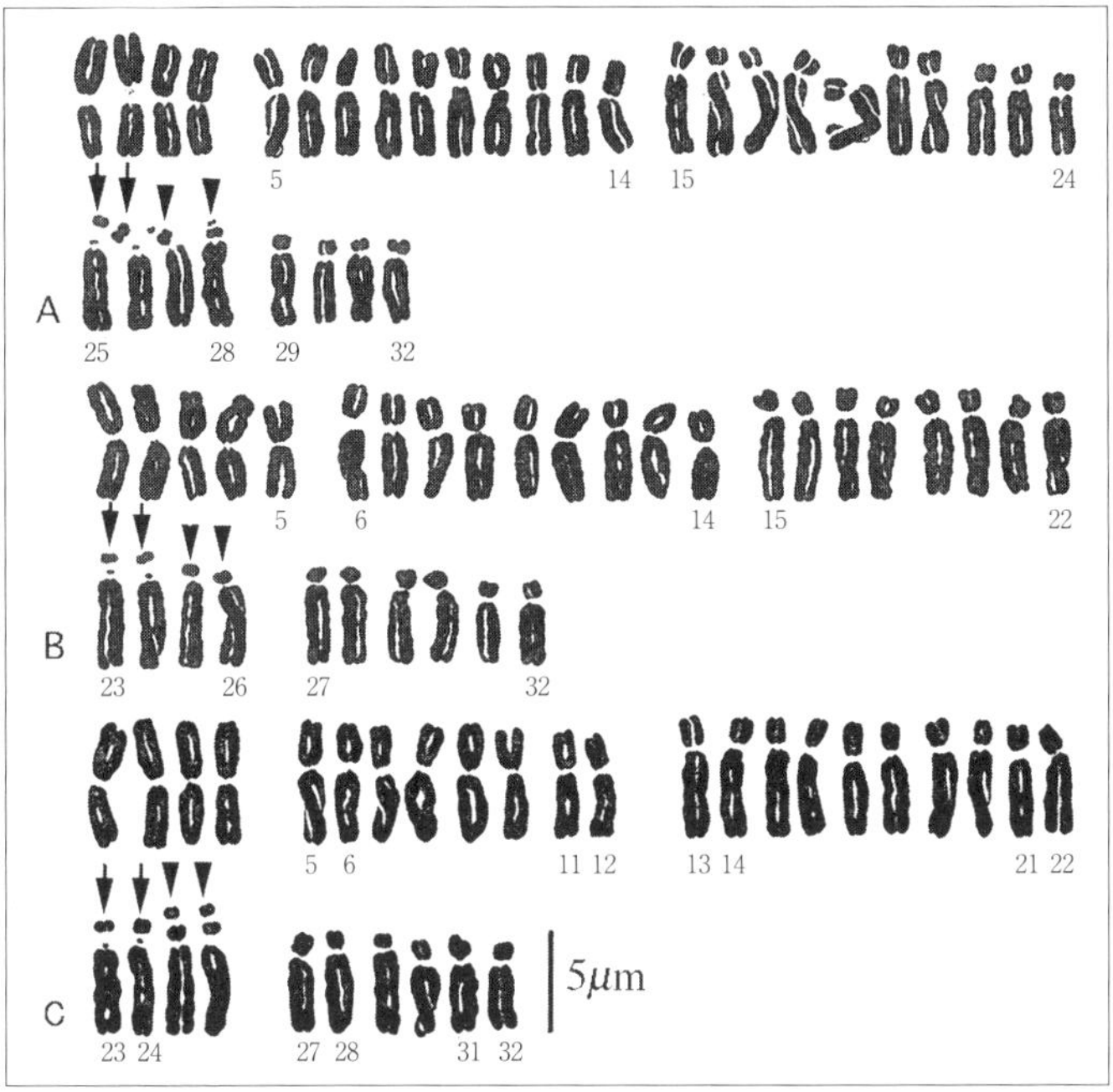

図７　ケキツネノボタン核型（2*n*=32）。A：Mi−核型、付随体染色体は松山型（矢印）と小樽型（矢じり印▼）　B：Ma−核型、付随体染色体は松山型（矢印）と二次狭窄不明型（矢じり印）　C：Ha−核型、付随体染色体は牟岐型（矢印）と中部二次狭窄型（矢じり印）

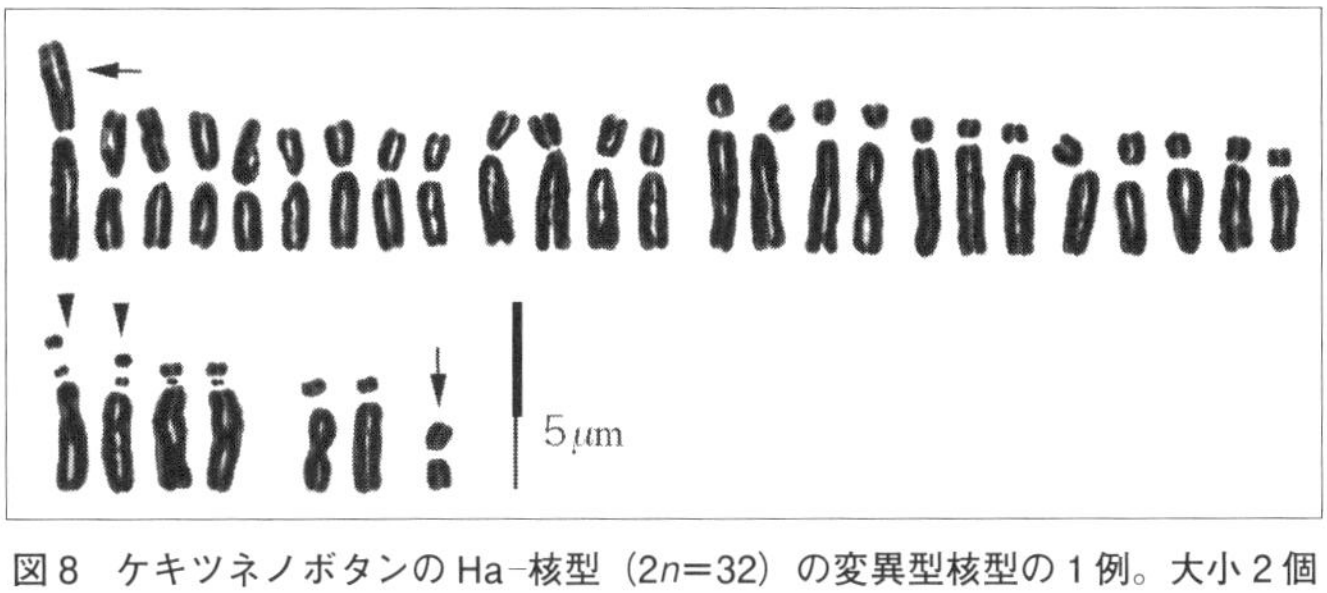

図８　ケキツネノボタンのHa−核型（2*n*=32）の変異型核型の１例。大小２個の染色体（矢印）が見られる

column

ケキツネノボタンの核型は複雑

同種の植物が複数個体で同じ地域内に見つかる場合、核型の違う個体間で雑種ができないことがある。これを「生殖的隔離」という。

核型グループの指標にした四個の付随体染色体は、四個すべてが同形（ホモ）か、または二個ずつが同形の四個（ヘテロ）かのいずれかであった（本文89ページ図6、91ページ図7参照）。しかし、四個の付随体染色体が個体間で同形であっても、付随体以外の染色体までもが互いに類似しているとは限らない（本文図6）。

標準の形態とは異なる染色体を何個かもつ核型も見られる。こうした場合には、同じ核型グループ内で自然交配による染色体の交換（遺伝子交流）が行なわれている可能性もある。

ろな核型のケキツネノボタンが見つかるにちがいない。

朝鮮半島のケキツネノボタンの特異な核型

韓国の忠南《チュンナム》大学校（大学校は日本の総合大学に該当）、韓南《ハンナム》大学校、大田《テジョン》大学校、中部《チュンブ》大学校、密陽《ミリアン》大学校の研究者の協力を得て、一九九二～一九九六年にケキツネノボタンとキツネノボタン、コキツネノボタンの調査を行なった。

韓国では、ケキツネノボタンは大田市以南におもに分布しているという。念のため、ソウル近郊および束草《ソクチョ》（江原道《カンオンドウ》）近郊の水田地帯で数回の調査を行なったが、ケキツネノボタンは発見できなかった。

唐津型染色体をもつケキツネノボタン

韓国産ケキツネノボタンに、特異な核型が見つかった（**図9**C、Ko-型と仮称）。$2n$＝32染色体の半数はキツネノボタンの唐津型（**図9**A）であり、残り半数は牟岐型ま

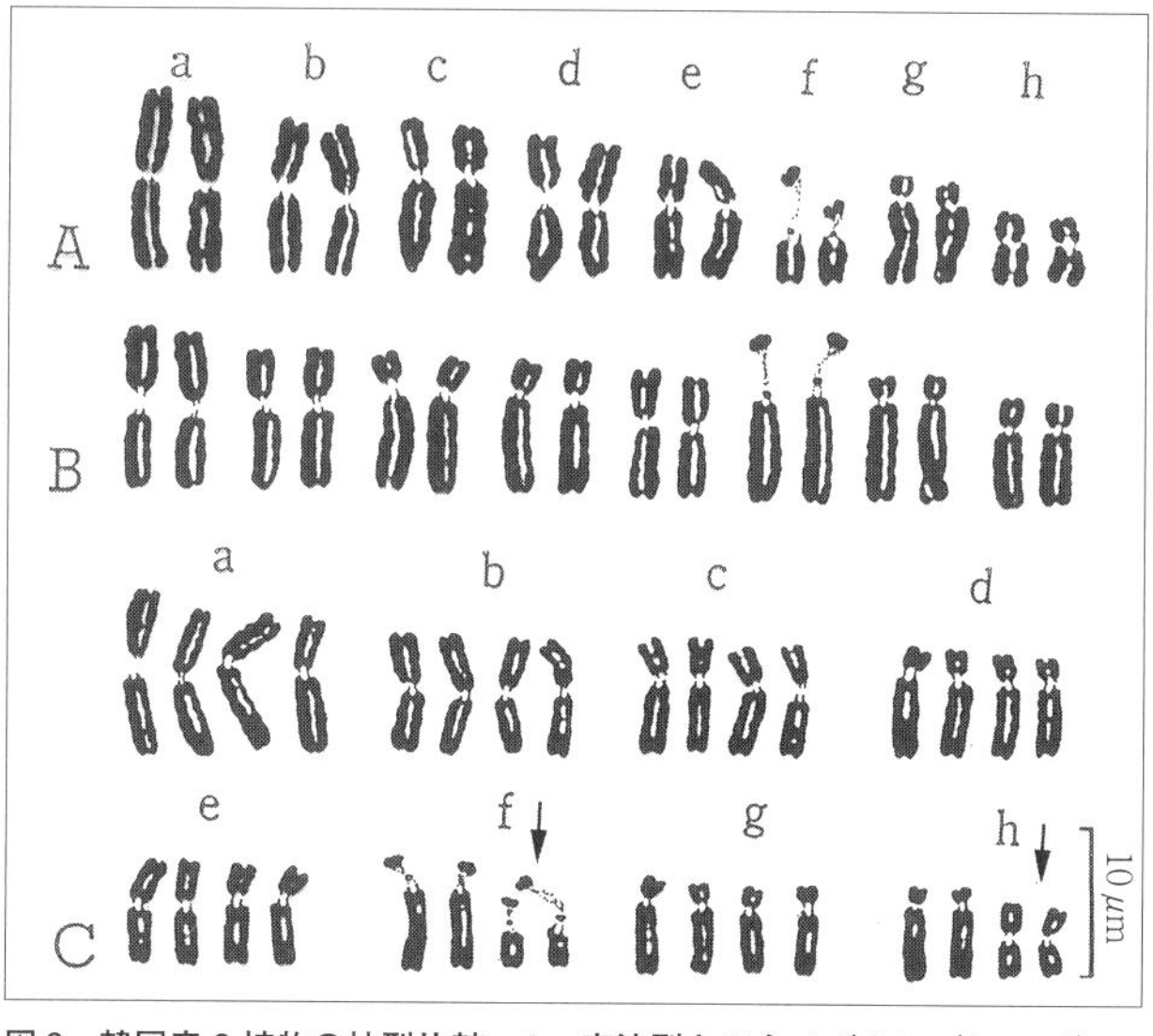

図9　韓国産3植物の核型比較。A：唐津型キツネノボタン（$2n$=16）B：コキツネノボタン（$2n$=16）　C：ケキツネノボタン（$2n$=32）

たはコキツネノボタンの核型（**図9B**）に類似していた（Fujishima *et al.* 1995）。**図9C**はケキツネノボタンの核型であるが、矢印で示した染色体は、唐津型特有の染色体だ。

韓国産ケキツネのボタンの核型からは、

①キツネノボタン唐津型とコキツネノボタンとの雑種（種間雑種）起源である

②または、キツネノボタン唐津型と牟岐型の雑種起源である、という二つの可能性が考えられる。

しかし、韓国にはキツネノボタン牟岐型は存在しない。念のために、人工的に唐津型と牟岐型の雑種（F_1）をつくり（$2n=16$）、染色体数を倍加（$2n=32$）させてみたが、雑種F_1の外部形態はあくまでもキツネノボタンであった。さらに、コルヒチン処理で唐津型キツネノボタンの同質四倍体をつくってみた。葉の小葉片は卵円形となり、ケキツネノボタンの長卵形とはまったく異なる形状であった

図10　人工四倍体キツネノボタン（コルヒチン処理で作出）

（図10）。コルヒチンはイヌサフラン（ユリ科）の根茎にふくまれる成分で神経毒をもつ。コルヒチン希釈液を植物につけると染色体数を倍加できる。

コキツネノボタンの核型は、キツネノボタンの牟岐型に類似する（図9B）。韓国の水田では、コキツネノボタン、キツネノボタン（唐津型）、ケキツネノボタンが個体密度は日本の田んぼほど高くはないが、水田の水路やあぜなどに同所的に見ることができる。

以上のことから、韓国産ケキツネノボタン（図9C）はコキツネノボタン（図9B）とキツネノボタン（唐津型、図9A）との種間交雑によって生じた雑種起源の植物だと想定した。

日本産ケキツネノボタンの核型から

核の形態からは、日本産ケキツネノボタンも、コキツネノボタンとキツネノボタンとの種間交雑によって誕生したと仮定してもおかしくない。

図6Aの核型は一見、キツネノボタン牟岐型（$2n=16$）またはコキツネノボタン（$2n=16$）の四倍体（$2n=32$）のように見える。しかし、実はキツネノボタン牟岐型（$2n=16$）とコキツネノボタン（$2n=16$）の染色体が同居した四倍体であろう（最小の四染色体に注意）。

また、**図7**Aの核型は、キツネノボタン小樽型（$2n$＝16、矢じり印）とコキツネノボタン（$2n$＝16、矢印）との種間雑種（$2n$＝16）の染色体が倍加した四倍体であろう。

ケキツネノボタンの核型の複雑さに追い討ちをかけるような事実が、日本の九州産ケキツネノボタンでも見つかっている。

岡田博と田村道夫の論文（Okada and Tamura 1977）に記載された熊本県串木野市と鹿児島県下《しも》甑村《こしきそん》からのケキツネノボタンの核型（串木野型）は、私が調べた韓国産ケキツネノボタンの核型（Ko-型）に類似している。この地方は、キツネノボタン唐津型が分布する地域だ。韓国産ケキツネノボタンKo-型やこれに類似する核型のケキツネノボタンの分布域は、唐津型キツネノボタンの分布域内にあることがわかってきた。

以上を整理すると、

(1) ケキツネノボタンは、その核型（$2n$＝32）から、キツネノボタン（松山型、牟岐型、小樽型、唐津型、$2n$＝16）とコキツネノボタン（$2n$＝16）との種間雑種F_1（$2n$＝16）の染色体倍加（$2n$＝32）で生じた四倍体植物の可能性が高い。

(2) (1)が正しければ、ケキツネノボタンは左に示すように核型の異なる複数の植物から発生した多起源性の植物である。

たとえば、詳細な説明は省略するが、次の①～⑤のすべての可能性が、ケキツネノボタンの核型から想定できる。
①コキツネノボタンとキツネノボタン唐津型との雑種起源（Ko-型）
②コキツネノボタンとキツネノボタン牟岐型との雑種起源（At-型）
③コキツネノボタンとキツネノボタン小樽型との雑種起源（Mi-型）
④コキツネノボタンとキツネノボタン松山型との雑種起源（Ma-型）
⑤起源不明型のケキツネノボタン（Ha-型）

遺伝学的な検証（その1）

右に述べた細胞学的（核型的）仮説の正否については、遺伝学的な検証が必要だ。検証の仕方にはいろいろある。その一つ、核型分析の結果を根拠にして、親植物と思われるもの同士を交配して、人工ケキツネノボタンを作出してみるのも一つの方法だ。

岡田は、コキツネノボタンとキツネノボタンとの人工種間雑種（F_1、$2n=16$）をコルヒチン処理で倍数化し、四倍体植物（人工ケキツネノボタン、$2n=32$）を作出した（Okada 1984, 1989）。人工ケキツネノボタンの作出法は、以下の通りだ。

第一段階：キツネノボタンとコキツネノボタンの種間雑種F_1をつくる。

第二段階：雑種F_1（キツネノボタン×コキツネノボタン）をコルヒチン処理して、四倍体をつくる。この四倍体が人工ケキツネノボタンだ。

第一段階の人工雑種F_1の減数分裂の際、両植物の染色体の親和性が高ければ、減数分裂第一中期で八個の二価染色体が形成されるはずである。

小樽型×コキツネノボタンの人工雑種F_1、松山型*×コキツネノボタン、ならびに唐津型×コキツネノボタンの減数分裂では、四価染色体も観察されるが、いずれの場合も八個の二価染色体（8_{II}と表記）が見られ、正常四分子は六九～九七％であった。この事実から、私は次のように解釈した（岡田の解釈とは少し異なるのだが）。

キツネノボタンとコキツネノボタンの染色体間に若干の遺伝学的差異は存在するが、8_{II}が見られたことから、両種のゲノム（１０４ページのコラム参照）は互いに相同だと考えられる。したがって、キツネノボタンとコキツネノボタンは、遠い昔に共通の祖先植物（AAゲノムをもつと仮定する）から分化した植物たちであり、キツネノボタンのゲノムをAAとすれば、コキツネノボタンのゲノムもAAで表記できる。

遠い昔に共通の祖先植物から分化したキツネノボタンとコキツネノボタンとは、長い地史的時間の流れのなかで、彼らのゲノム間に若干の差異を生じていったであろう。したがって、説明の混乱をさけるために、現世のキツネノボタンのゲノムをA_1A_1、コキツネノボタンのそれをA_2A_2と表記する。雑種F_1のゲノム構成はA_1A_2となる。A_1とA_2は同祖の相同ゲノムであるから、理論的には雑種F_1の減数分裂で八個の二価染色体が形成されるはずだ。事実、作出された雑種F_1では8_{II}接合が観察されている。

第二段階として、岡田はコルヒチン処理で雑種F_1の染色体数を倍加し、$2n=32$ F_1植物（人工ケキツネノボタン）を作出した。この人工ケキツネノボタンのゲノム構成は$A_1A_1A_2A_2$となり、相同な染色体が四個ずつ、八組が存在する。理論的には減数分裂では四価染色体が八個見られるはずだ。ところが予期に反して、この人為ケキツネノボタンの減数分裂で二価染色体がふつうに観察された。なぜなのだろうか？

A_1とA_2とは同祖の相同ゲノムであるが、すでに述べたように、地史的時間の流れのなかで、キツネノボタンA_1ゲノムとコキツネノボタンA_2ゲノムとの間に若干の遺伝学的な差異（ゲノムの分化）が生じているはずだ。A_1とA_1、あるいはA_2とA_2という同種植物からのゲノムが一つの細胞内に複数で共存する場合は、A_1とA_1およびA_2とA_2の間での染色体接合が優先されて、一六個の二価染色体を形成した。しかし、A_1とA_2間での染色体接合能力はあるわけだから、A_1とA_2間での接合が介在した場合は、減数分裂で四価染色体や三価染色体として認識されたはずである。事実、8_{II}のほかに四価や三価染色体をふくむ染色体接合が観察されている。

以上から、ケキツネノボタンは同質四倍体的植物であると考えられる。

＊ここで示された松山型はFujishima and Kurita 1974 の牟岐型核型に相当する。

遺伝学的な検証（その2）

ケキツネノボタンとキツネノボタンの染色体の相同性を、両種の人工種間雑種をつくることによって直接的に検証してみた（Fujishima 1984）。人工交雑には、At-型ケキツネノボタン（$2n$＝32）（**図11**B）と唐津型キツネノボタン（$2n$＝16）（**図11**A）を用いた。

交雑の結果、染色体数が24と32の二種類の種間雑種植物が得られた。

雑種F_1（$2n$＝24）（**図11**C）

$2n$＝24の染色体は、ケキツネノボタンの半数染色体組（n＝16）とキツネノボタンの半数染色体組（n＝

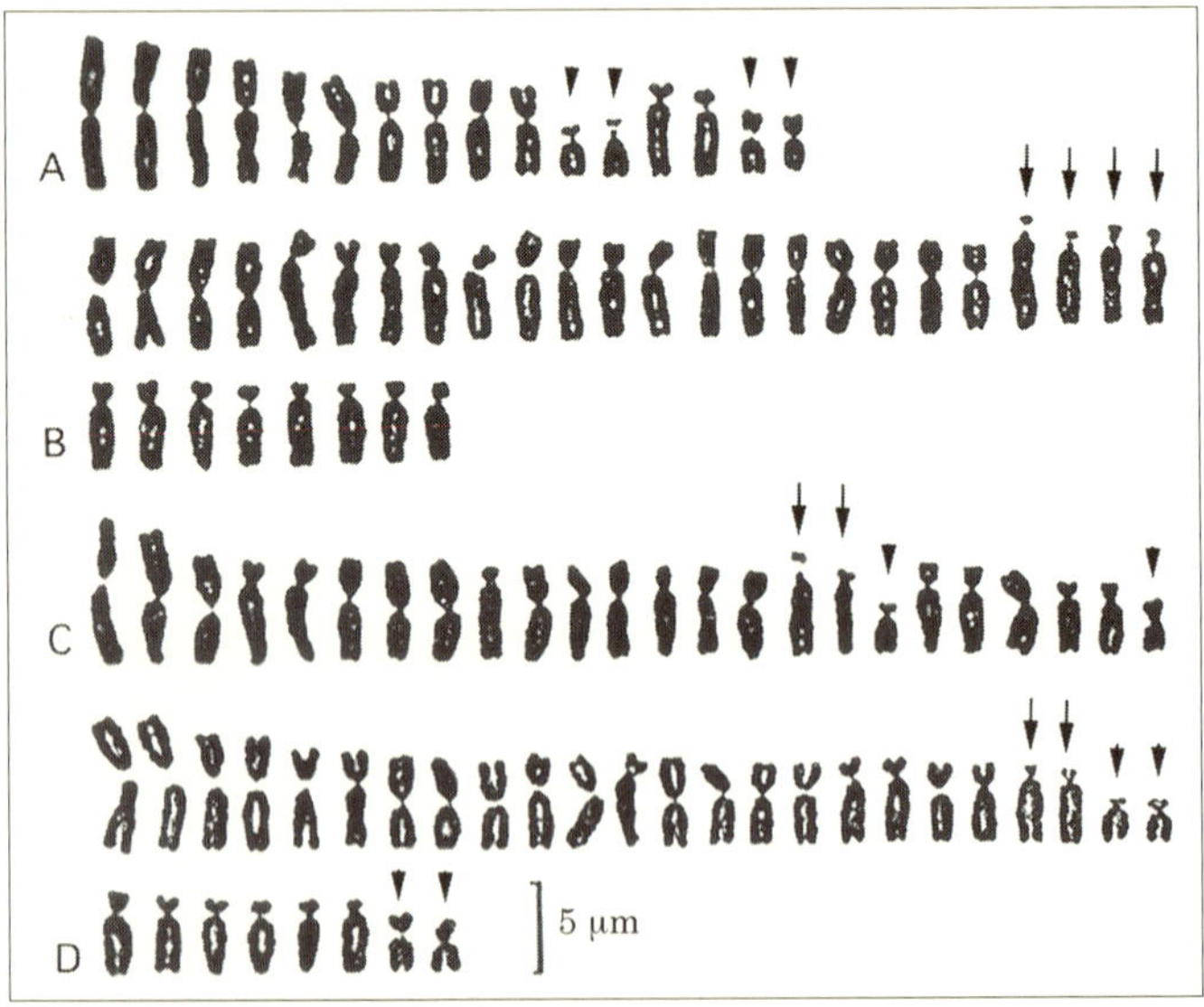

図11　種間雑種（ケキツネノボタン×キツネノボタン）F_1の核型。A：キツネノボタン唐津型（$2n$=16）　B：ケキツネノボタンAt-型（$2n$=32）　C：雑種F_1（$2n$=24）のケキツネノボタン（矢印）とキツネノボタン（矢じり印）の指標染色体　D：雑種F_1（$2n$=32）のケキツネノボタン（矢印）とキツネノボタン（矢じり印）の指標染色体

8）であった。

減数分裂（第一分裂）での染色体接合では、八個の三価染色体（三個の染色体が接合した染色体、一八・二％）が観察された。正常花粉は五・八％、正常果実は三・二％だ。

$2n=24$ F_1植物の減数分裂での八個の三価染色体形成は、次のように説明できる。

ケキツネノボタン（$2n=32$）のゲノム構成を$A_3A_3A_3A_3$、キツネノボタンをA_1A_1と仮定すると、$2n=24$ F_1植物のゲノム構成は$A_3A_3A_1$となる。$2n=24$ F_1植物の減数分裂第一中期で八個の三価染色体が観察された事実から、A_3ゲノムとA_1ゲノムは互いに相同である（同祖ゲノムである）と結論できる。したがって、ケキツネノボタンのゲノム構成をＡＡＡＡと表記すれば、キツネノボタンのゲノム構成もAAとなる。

これを生物学の言葉で表現すれば、「ケキツネノボタンとキツネノボタンは相同なゲノムをもち、ケキツネノボタンは同質四倍体起源の植物である」となる。

雑種F_1（$2n=32$）

本雑種の染色体には、キツネノボタンの指標染色体が二個ずつふくまれていた（**図11**Ｄ矢じり印）。核型分析の結果、三二個の染色体はケキツネノボタンの染色体一六個とキツネノボタンの染色体一六個であった。

すなわち、雑種F_1（$2n=32$）のゲノム構成は、ケキツネノボタンA_3A_3とキツネノボタンA_1A_1から成っている。

A_3ゲノムとA_1ゲノムとは互いに相同であるから、$2n=32$ F_1植物の減数分裂では八個の四価染色体形成が予想される。ところが、実際には減数分裂第一中期で、一六個の二価染色体（同形対合）が観察され、すべての二価染色体は同形接合であった。

減数分裂での事実から、ケキツネノボタンの一六個の染色体が八個の二価染色体を形成し、キツネノボタンの一六個の染色体が八個の二価染色体を形成したと判断される。

$2n=32$ F_1植物にふくまれる一六個のキツネノボタンの染色体は、二個ずつの相同染色体から成る。彼らはケキツネノボタンの染色体とは接合をしないでキツネノボタンの染色体仲間で接合し、八個の二価染色体を形成した。これは指標の小形染色体の接合像からも明らかである。

一方、ケキツネノボタンからの一六の染色体は、野生ケキツネノボタンの細胞内では互いに接合することはない。ところが、$2n=32$ F_1植物の細胞内では、彼らもまた八個の二価染色体を形成した。この事実は「ケキツネノボタンは同質四倍体的である」ことを強く示唆する。

$2n=32$ F_1植物の減数分裂では、ケキツネノボタンとキツネノボタンのそれぞれの染色体群内での相同染色体が、計一六個の二価染色体を形成した。この事実は、ケキツネノボタンとキツネノボタンの種分化の歴史的時間の流れのなかで、両種ゲノムの間に若干の分化が生じていることを示唆している。

ここでも、ケキツネノボタンは同質四倍体であると結論される。

二倍体化現象

ケキツネノボタンはＡＡＡＡゲノムの同質四倍体植物であるが、現存のケキツネノボタンの減数分裂では、一六個の二価染色体のみが形成され、四価染色体は観察されない。あたかも二倍体植物であるかのような減数分裂での染色体行動を示す。種子稔性も正常だ。こうした現象を「倍数体植物の二倍体化」と呼んでいる。

二倍体化がどのようなメカニズムで進行するのか、自然界で見られる具体的な事例をもとに、その過程がいろいろ提案されてはいるが、本当のところはよくわかっていない。

以上の考察より、ケキツネノボタン（$2n=32$）は、コキツネノボタン（$2n=16$）とキツネノボタン（$2n=16$）の四サイトタイプ（松山型、牟岐型、小樽型、唐津型）のそれぞれとの種間雑種（$2n=16$）が、染色体倍加（$2n=32$）で誕生した多起源性の植物であると結論される。

column

ゲノムという概念

　ケキツネノボタンの話は、ここで一段落。やや専門的な話が多かったので、多くの読者は退屈したことと思う。でも、ミステリーを解読するつもりで読んでいただければ、また違った興味がわいてくるかもしれない。それにはゲノムという用語を理解しておいたほうがよい。この章でたびたび使ったゲノムという用語に少し触れておこう。

　われわれが日常的に食べているパンは、パンコムギ（普通系コムギ、2*n*＝42）からの小麦粉からつくる（**下図**）。このコムギの染色体数は2*n*＝42（x＝7）だ。このほかに2*n*＝14（一粒系コムギ）や2*n*＝28（二粒系コムギ）のあることが、かなり昔に北海道帝国大学教授の坂村徹によって明らかにされた（Sakamura 1918）。コムギ属植物での倍数性のはじめての発見である。この発見は、大正期の日本の生物学のレベルが、欧米先進諸国の生物学のレベルにまで到達した分野のあることを示す画期的な業績の一つだった。この後に、坂村は海外留学が決まり、当時大学院生であった木原均が坂村の研究材料を引き継ぐことになった。

　木原は、生物の生存に必要な最小の染色体集団を「染色体

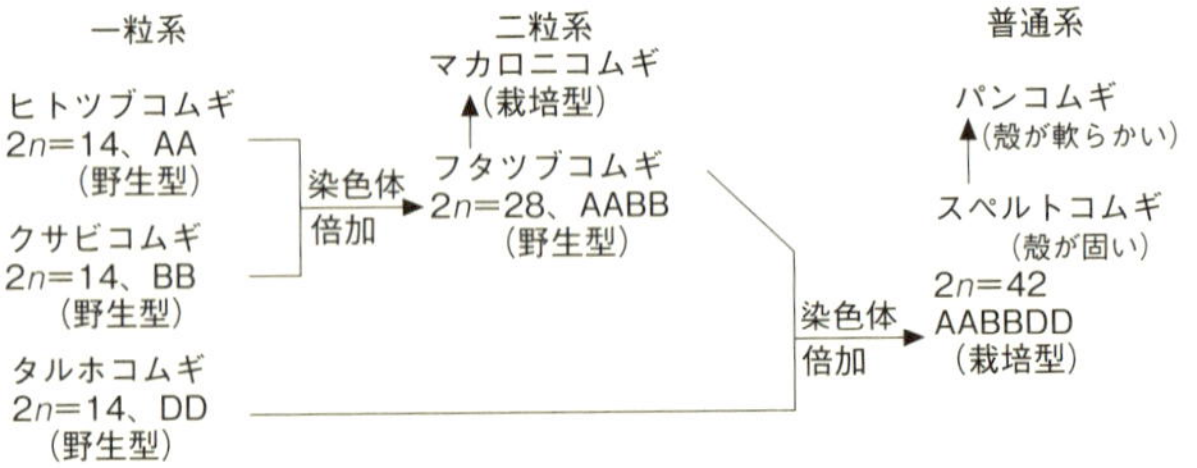

コムギ属の種分化模式図

組」と呼んだ。後にH・ウィンクラの提案（生殖細胞の全染色体集団をゲノムと定義）にしたがって「ゲノム」と改称した。生物が生きていくのに必要な最小の遺伝子組を「ゲノム」と定義することもできる。

「ゲノム分析」という用語は、『キトロギア』一巻一号（一九二九）掲載の「コムギ属とエギロプス属植物の属間雑種における相同染色体の接合」（英文）と題した論文発表後に考えついたと、「コムギ研究35年の回顧」のなかで木原は述べている（木原 一九五四）。交配実験で染色体の相同性を明らかにしていくゲノム分析（古典的）は、木原均と共同研究者らによって確立された。

ゲノム分析は、コムギ属の進化（種分化）の道筋を明らかにした（前ページ**図**）。

一粒系のヒトツブコムギ（$2n=14$、AAゲノム）とクサビコムギ（$2n=14$、BB）の人工雑種F_1の作出は容易ではない。染色体数は同じでも、互いにゲノムを異にするからだろう。ゲノムが異なれば、F_1の減数分裂で両者の染色体が接合しない。しかし、遠い過去に、ヒトツブコムギとクサビコムギの雑種ができ、さらに染色体が倍加するというチャンスがあった。そうして生まれたコムギがフタツブコムギ（$2n=28$、AABB）だと考えられている。一粒系コムギ（$2n=14$）を二倍体だとすれば、フタツブコムギ（$2n=28$）は四倍体だ。しかし、減数分裂では一四個の二価染色体をつくる。異なるゲノム（AとB）を複数ずつもつからである。二倍体の寄り合い所帯と解せるので、こうした四倍体を複二倍体ともいう。

次に、フタツブコムギ（AABB）とタルホコムギ（$2n=14$、DD）の雑種F_1（ABD）の染色体を倍加することで$2n=42$（AABBDD）コムギが得られる。この植物を（人工）合成コムギという。合成コムギが普通系コムギと同じ形質をもつならば、ゲノム分析の結果は科学的に正しかったといえる。

木原均とその共同研究者たちはいろいろな合成コムギを作出し、それらの形態的特徴や普通系コムギと合成コムギの雑種の染色体の対合などを調べ、合成コムギと普通系コムギが形態的にも細胞学的にもよく一致することを明らかにしていった。一九四六年に六倍性コムギの合成が完成した。こうして、パンコムギの祖先がつき止められた。

木原均らの人工コムギ合成の研究は、一九四一（昭和一六）年一二月八日から始まった太平洋戦争（第二次世界大戦）のただなかで行なわれた、世界の学会から孤立した仕事であった。

一九四五年、日本の敗戦によって戦争は終結し、世界の学会の情報が日本へも届くようになると、アメリカのミズーリ大学のE・R・シアースも一九四四年に六倍性コムギの合成に成功していたことがわかった。このことは「科学発見の同時性」として、よく話題にされる。

日米でそれぞれ独立的に行なわれた六倍性コムギの人工合成は、自然界が長い年月をかけて行なった種分化を実験的に再現したすぐれた業績だ。同時に、種分化には雑種形成が大きな役割を果たしていることを実証する代表的な研究の一つでもあった。

現在は、DNA解析の新しい技法を使って、コムギの染色体ゲノムと細胞質ゲノムの詳細な解析がなされ、野生種と栽培種の系統関係が明らかにされつつある。自然界が一万年以上も前に行なった栽培コムギ誕生の道筋をモデルにして、種分化の一般性をコムギ研究者らがさらに明らかにしようとしている。

第4章

ツユクサは有史以前にヒトとともに日本列島へやって来た

ツユクサ（ツユクサ科）は、朝、日の出とともに花を開き、日が高くなる前に花を閉じる一日花だ。花に雄花（めしべをつけない）と両性花（めしべとおしべをつける）があることを知る人は少ない。

ツユクサの盛花期は、四国や中国地方では八月中旬〜九月中旬頃だ。沖縄地方を除き、日本国中、道ばたや田畑のへり、川の土手など、どこにでもごくふつうに見られる。

山林などで木を伐採すると、その跡地にすばやく姿を見せるパイオニア植物の一つでもある。

ツユクサの仲間（ツユクサ属 *Commelina*）は、熱帯や亜熱帯地方にたくさんの種類が分布していて、一〇〇種を超えるといわれる。日本のツユクサ（*Commelina communis*）の故郷は、アジアの熱帯地方だとされている。ツユクサと同じ種は、アフリカ北部からインド中・北部、中国、朝鮮半島、さらにはロシア領のサハリン（旧樺太）にまで分布する。ツユクサの仲間では、もっとも北方にまで分布し、最近では北アメリカ大陸にも帰化し、雑草化している（USDA 2009）。

日本のツユクサは、外部形態が変化に富んでいる。そのために、ツユクサをたくさんの変種や品種に分けることがある。杉本順一（一九六八）は一三種類に分けている。

杉本の分類によれば、苞《ほう》（総苞片）がやや細長で表面に細軟毛が多生するツユクサを、ヒメオニツユクサとしている（**図1**）。ところが、野外でたくさんのヒメオニツユクサを調べてみると、ツユクサとヒメオニツユクサとの中間タイプも出てくる。ほかの品種や変種についても、これと似たようなことがいえるものが多い。

ツユクサを一種だとする大井次三郎（一九七五）の意見にしたがえば、中間タイプの個体はどう分類すればよいのかといった悩みは解消する。しかし、それではツユクサの形態的多様性が見えてこない。では、細胞学的な視点からのツユクサ研究はどうなっているのだろうか。

図1　ヒメオニツユクサ（有毛型）

ツユクサの染色体数

ツユクサの染色体数（$2n=90$）を世界で最初に報告したのは、一九五二年のC・A・ベルガーたちだ（Berger *et al.* 1952）。しかし、彼らの論文には、どの地方の材料を使って研究したのかの記載がない。続いて一九六七年にJ・K・モートンが、西アフリカ産のツユクサで$2n=48$と52を報告している（Morton 1967）。

わが国では、簑作祥一（一九五三）の研究が最初だ。ツユクサ（狭義：*C. communis* var. *communis*）で48、シロバナツユクサ（var. *communis* f. *albiflora*）で90を報告している（多分、関東地方で採集したものであろうが、採集地は不明）。

つづいて、福本日陽（一九六五）がウスイロツユクサは44、ツユクサ（狭義：var. *communis*）の苞に毛のあるもの（有毛型）は46、ないもの（無毛型）は88だとした（**図2**）。さらに続報で、ツユクサ（狭義）の染色体数には44や48もあると報告している（福本 一九七九）。福本の研究は、おもに関東地方のツユクサを使っている（著者への私信）。

ところが、簑作や福本の研究を、四国地方のツユクサで追試してみると、やや怪しくなる。ウスイロツユクサの染色体数は88、シロバナツユクサは86となって、箕作の報告と一致しない。福本の有毛型46、無毛型88は肯定できるのであるが、ツユクサの48は見つからない。

それぞれの研究者の報告に、誤りがあるとは思われない。箕作や福本の研究を見ると、二人はともに、分類学者の分類にしたがって作業をしている。分類学者がツユクサ（狭義）とか、ウスイロツユクサ、シロバナツユクサ等々に分類した体系にしたがい、それぞれの変種や品種の染色体数を調べている。染色体数の混乱の原因は、どうもここにあるようだ。

右に述べてきたように、ツユクサ（*C. communis*）はこれまでの研究では形態分類学的な結果と細胞学的な結果との間に整合性が見られない。なぜなのだろうか？　この混乱の謎を解くために、染色体に視点を置いて整理してみることにした。

図２　ツユクサの苞２型。有毛型（左）と無毛型（右）

ツユクサ研究のスタート

ツユクサは畑や農道、田んぼのへりなどにごくふつうに見られるのだが、これまでの研究の混乱は、扱う個体数が少ないことにも一因があるようだ。

右の疑問を解消するために、日本列島の南は屋久島から北は北海道の最北端、稚内まで、全国的にほぼ均等に六四カ所の調査地域を設けた。それらから総計二五〇〇個体以上を集め、一つひとつの染色体数を数える。必要なものは核型を明らかにすることにした。

この計画を完成させるには一〇年はかかると思ったが、事は思いのほか至難であることが調査を始めてわかった。結果は二〇年を優に越えた。なぜ、そんなにも時間がかかったのか。

ツユクサの染色体数は、多いものは88と90が報告されている（図12参照）。顕微鏡の視野のなかにある染色体を目で数えたのでは、88と90の識別は不可能だ。同じものを二度数えたり、数え落としも出る。

顕微鏡で見える染色体像を顕微鏡写真に撮って、これを印画紙に焼きこみ、できあがった印画紙の上で、一本一本にチェックを入れながら数えることにした。今なら、デジタルカメラで撮影した画像をコンピュータに流しこみ、コンピュータ上ですみやかに数の算定が可能だ。しかし、研究を始めた頃は、そんな便利なものはない。印画紙上で数えるためには、八八本の染色体すべてにピントが合うような顕微鏡写真用の染色体標本をつくらねばならなかった。

染色体の標本をつくるためには、この方法がよいという常法（押しつぶし法）がある。ところが、ツユクサは根冠（根の先端組織、**図3**）が固くて、「押しつぶし法」が使えない。この根冠の内側に分裂組織があり、染色体は分裂組織で見ることができる。

これでは、顕微鏡にカメラを取りつけたとき、すべての染色体にピントが合うような染色体標本がつくれない。箕作や福本が、研究論文で染色体の像を写真ではなくて、スケッチで示している意味がやっとわかった。この関門をクリアしないと、多数個体の染色体数を確定することは不可能だ。

試行を重ねるうちに、根冠を除去する簡便な方法が見つかった。

一規定濃度の塩酸と染色液との混合液へ根端を約一昼夜浸す。その後、この混合液のままで容器を一〇〇℃の熱湯へ六秒間浸して、固定・染色・解離を同時にやってのけるという方法だ。これで染色体数を正確に数えることのできる染色体標本を仕上げることができるようになった（例**図5**）。

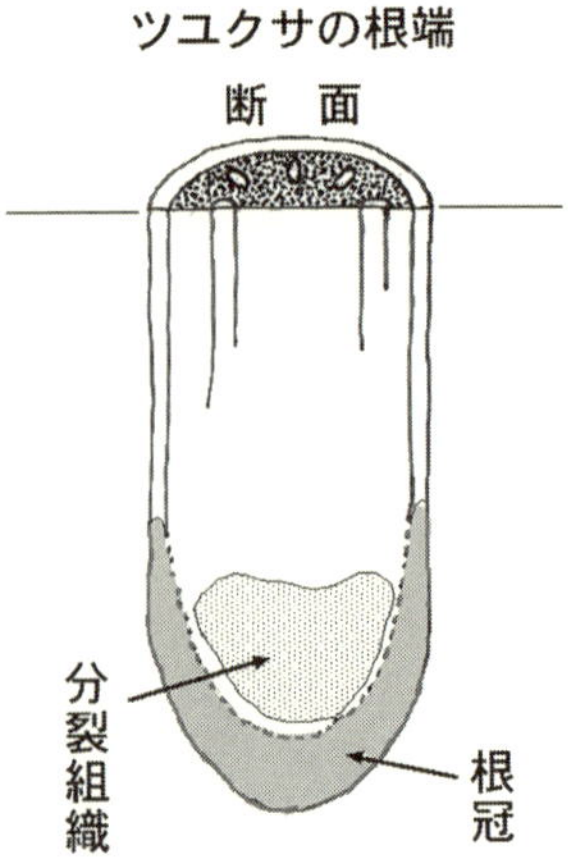

図3　ツユクサの根端断面模式図

次の予期せぬ難問は、採集したツユクサを元気なままで持ち帰ること。畑で放置されたツユクサは簡単に根づくが、実験室ではうまく発根してくれない。これも頭の痛い問題になった。あれこれやっているうちに、やっとツユクサの機嫌を損ねない方法が見つかった。

そのようにして集めたツユクサの一つひとつの染色体数を調べたところ、それらは、$2n$＝44、46、48、50、52、86、88、90であった。50、52、86などは日本のツユクサでははじめての発見だ。日本のツユクサは、染色体数の違ったいろいろな個体の集合体（複合種という）であることがわかってきた（藤島　一九八一）。

染色体数の違うツユクサの地理的分布と生態的分布

染色体数の違ったツユクサは、それぞれが同所的に見つかるものもあるが、地理的分布の違っているものもあった（異所的分布）。**図4**を参考にしてほしい。

$2n$＝44ツユクサ

九州から北海道までの広い範囲で、飛び石的に見つかった。山間部の林縁などで見つかることが多かった。

$2n=46$ツユクサ

関東地方以西のツユクサで観察できた。山間部の畑や田んぼのまわりの草地に生える傾向が見られた。

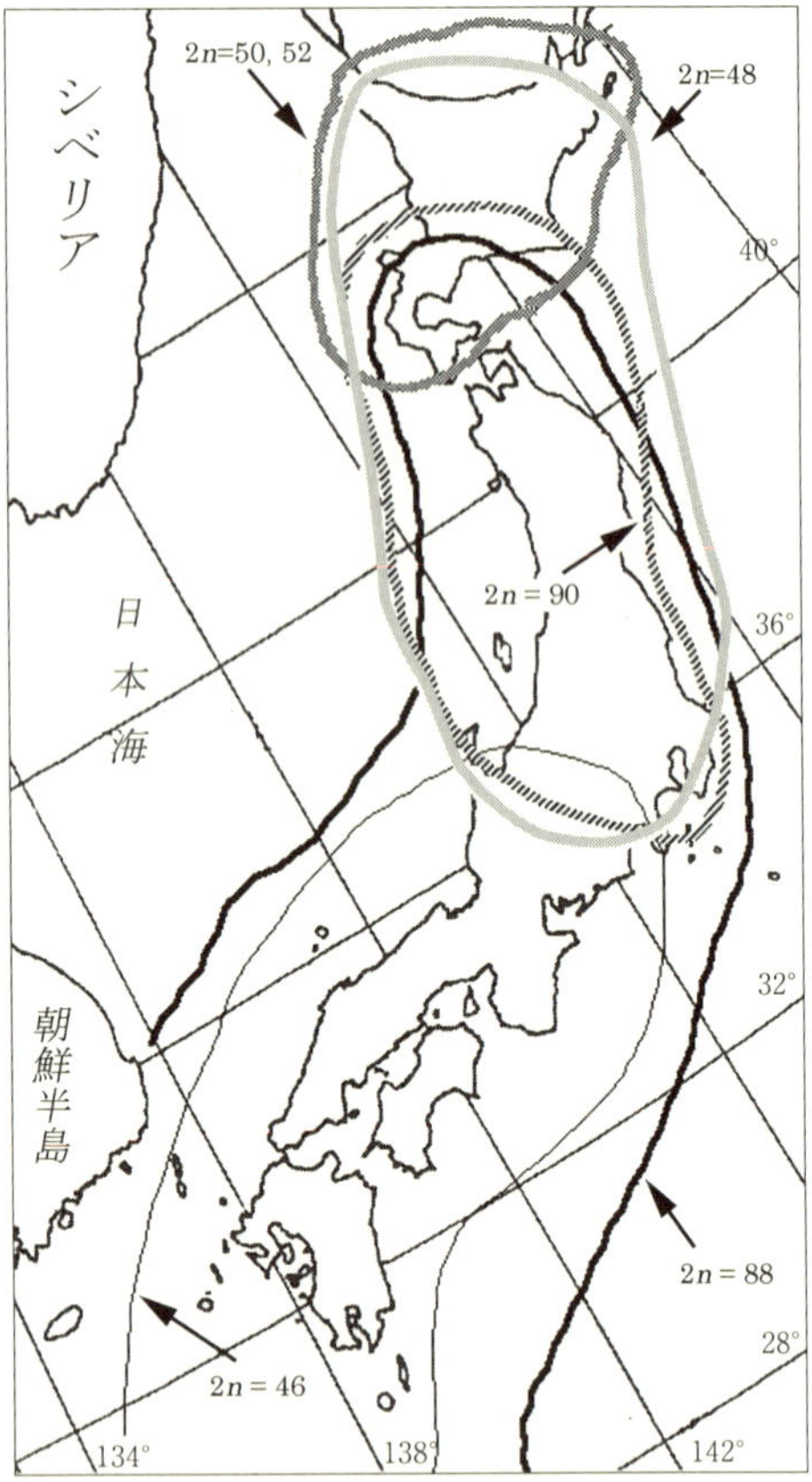

図4　ツユクサ（サイトタイプ）の地理的分布

$2n$ = 48ツユクサ

関東地方以北から北海道地方の北部までで、かなりふつうに見られた。中国地方や四国、九州地方からは見つからない。箕作や福本の$2n$ = 48の報告を疑ったこともあったが、箕作や福本は関東地方のツユクサを、私は四国地方のツユクサを研究に使っていたのだ。

$2n$ = 50、52ツユクサ

北海道ではふつうに見られた。しかも、北海道のみで見ることができた。調査当時、北海道大学の院生だった鶴崎展巨に、北海道大学構内に生えるツユクサを送ってもらった。$2n$ = 48、50、52、90が同所的に生えていることがわかった。札幌市より南では、$2n$ = 88ツユクサが混じることもあった。北海道の最北端、稚内で採集したツユクサは$2n$ = 48、50、52で、同所的であった。北海道内のほかの場所でも、この三者は同所的に見られることが多かった。外部形態から、三者の識別はできない。

$2n$ = 86ツユクサ

新潟県以南で、飛び石的に見られた。

$2n$ = 88ツユクサ

北海道南部以南、本州や四国、九州では、ごくふつうに見られた。これらの地方でツユクサといえば、たぶん$2n$ = 88ツユクサを見ていることになる。それほどにふつうなツユクサだ。荒地にパイオニア的に侵入してくるツユクサも、ほとんど例外なく$2n$ = 88ツユクサだ。北海道を除く日本の自然（人

里）に、もっとも広く適応したツユクサといえる。

2n＝90ツユクサ

北海道の札幌市や黒松内町辺りから以南、関東地方までに見られた。

ツユクサの外見と染色体数

ツユクサの外部形態はかなり変異的であるのだが、染色体数との結びつきは、今のところはっきりしない。自然に結びつくまで、無理をしないことにした。

多くのツユクサの染色体数を調べているうちに、すでに福本（一九七九）が提案したことの拡張であるが、苞（総苞）に毛のあるツユクサは、例外なく2n＝44、46、48、50、52のいずれかであり、2n＝86、88、90のツユクサには毛がない（**図2**）。苞に毛が見られるかどうかは、福本の指摘のように狭義のツユクサ（*C. communis* var. *communis*）に限定しなくてもよいこともわかった。

なぜツユクサの染色体数は、みんな偶数なのか？

日本の九州から北海道までのツユクサ二五〇〇個体以上の染色体数を調べた結果、北海道当別町で

$2n$＝53の個体が一個体だけ見つかった以外は、どのツユクサの染色体数も偶数であった。奇数染色体数の個体は約二五〇〇分の一以下での知見だから、自然界ではふつうには生育していないと見てよい。どうしてだろう？

動物や植物の染色体数は、ふつうにはみな偶数だ。だから、ツユクサの染色体数がみな偶数であることは、当たり前といえば当たり前の話である。しかし、ツユクサについては、この当たり前が当たり前でなくなる。

ツユクサの染色体数はどれも偶数であり、どの染色体数の個体も、正常に種子をつけて、次世代をつくる。

自然界では近縁な二種が同所的に存在すると、両者の雑種ができやすい。染色体数は違っていても、$2n$＝44、46、……88、90などはみな、外部形態的にツユクサとしてまとめることができる。これらの間で雑種ができてもおかしくない。

ところが、$2n$＝44と46が混在している場所で、たとえば、愛媛県岩屋寺《いわやじ》や鹿児島県出水《いずみ》市の集団で、多くの個体の染色体数を調べても、$2n$＝45ツユクサが見つからない。なぜだろう？

$2n$＝44ツユクサがつくる卵《らん》や花粉の染色体数は二二個、$2n$＝46ツユクサでは二三個だ。$2n$＝44ツユクサの卵（n＝22）が$2n$＝46ツユクサの花粉（n＝23）で受精すると、22＋23＝45となって、染色体数が四五個（奇数）の植物が誕生するはずだ。「ツユクサの染色体数が偶数のみなのはおかしい」といったのは、こうした疑問があったからだ。

染色体数が奇数のツユクサが見つからないのは、自然界では染色体数を異にするツユクサ間で雑種ができていないか、できてもごくまれでしかないことを示唆している。染色体数が違うツユクサ同士は、あたかも独立した種であるかのようにふるまっているらしい。

本当に、雑種はできていないのだろうか？

人為的に雑種をつくってみる

$2n=44$と46との人為交配を試みた。どちらを花粉親にしても、約四％の低率でしか雑種（F_1、染色体数は45）はできなかった。$2n=46$と88との雑種はどうか？　人為交配の技術には少々自信があるのだが、これは、まったく成功していない。

人為交配実験でも、染色体数の違ったツユクサの間では、雑種がほとんどできないか、まったくできないことがわかった。染色体数を異にするツユクサたちは、自然界であたかも別種のようにふるまっている。こうしたとき、染色体数を異にする個体群のことをサイトタイプ、または染色体種、細胞種などと呼ぶことがある。

たくさんのツユクサの染色体数を調べることで、ツユクサという一つの種のなかに染色体数を異にするたくさんの種（サイトタイプ）が分化していることが明らかになった。

この分化の仕方を、染色体数のうえから、もう少していねいに見てみよう。

ツユクサは倍数体と異数体とから成る複合種

ツユクサの染色体数を、少ないほうから順に並べると、$2n=44$、46、48、50、52、86、88、90となる。

この数字を見くらべると、最小数44に対して88は倍数の関係にある。$2n=44$を二倍体だとすると、$2n=88$は四倍体だ。すなわち、日本のツユクサは二倍体シリーズ（$2n=44$、46、48、50、52）と四倍体シリーズ（$2n=86$、88、90）の複合種なのだ。

二倍体シリーズの$2n=44$、46、48、50、52を見ると、染色体数が二個ずつ増えている。$2n=46$や48、50、52を44の異数体（単に異数体）という。また、$2n=86$や90は、倍数体88の異数体なので、異数倍数体という。

倍数体$2n=88$は、有史以前の太古に$2n=44$ツユクサの染色体の倍加によって生じたのかもしれない（倍加の仕方や減数分裂の安定化には、いろいろな道筋がある）。そうだとすれば、$2n=88$ツユクサは同質四倍体（二倍体の染色体が倍加）ということになる。

$2n=44$から$2n=46$や48などの異数体は、どのようにして生じたのだろうか。

たとえば$2n=46$については、大きな二つの道筋が考えられる。

その一つは、単純に二個の染色体が付加する。

もう一つは、二個の染色体がそれぞれ二分して四個の染色体になる（$2n$＝44と48との雑種から$2n$＝46になるという道筋も理論上はある。しかし、これは両者の人為交雑の困難さから、除外してよいだろう）。

どの道をとるにしても、ツユクサたちはこうした問題点をクリアして、新しい道を切り開いていったにちがいない。

染色体の核型から分化の道筋をたどる

では、どのような過程で、染色体数を異にする多様なツユクサたちが日本列島に生活するようになったのだろうか。

ここから先は、染色体数だけを問題にしていても、解決の道筋は見えてこない。まずは、染色体の形一つひとつを見ていくことが基本だ。さらに進めば、特定の遺伝子構造を分子生物学的に解析する方法もある。

染色体数が同じなら核型も同じか？

$2n=44$ツユクサの地理的分布や核型を調べるまでは、同じ染色体数をもったツユクサ（個体群）は、どの集団のツユクサも同じような核型をもっているであろうと思っていた。

ツユクサは、人里のどこにでも生えている。そして、畑や果樹園、山林の伐採跡などのように、人為的な裸地ができると、パイオニア的にすばやくそこへ侵入してくる。だから、かなり移動性の高い植物のように見える。この文脈からすれば、染色体数が同じなら、日本中どこのツユクサも同じ核型をもっているであろう、と予想される。

ところが、実際に作業をしてみると、$2n=44$ツユクサの核型は、地域ごとに個性的なのだ。こうなると、話は単純ではなくなる。

ツユクサの核型は単純ではない

図5に示された染色体はどれも、一カ所の大きなくびれがある。このくびれを、一次狭窄《きょうさく》または動原体部位という。この狭窄が染色体上のどこにあるかを染色体を分類する目安の一つにする。

この動原体部位の位置で$2n=44$染色体を分類すると、**図6**に示すようになる。染色体1〜16は中部狭窄型（m）、17〜42は次中部狭窄型（sm）、43と44は次端部狭窄型（st）である。各グループの染色体は、長さの順に配列してある。

一六個の中部狭窄型染色体（m-染色体）は長さによって、さらに三グループ（L、M、S）に分けられる。すなわち、1～10の染色体長の長いLグループ、中間のMグループ、短いSグループである。

二六個の次中部狭窄型染色体（sm-染色体）は染色体長が漸変的なので、グループ分けできない。しかし、染色体23と24は、短腕に小さい付随体が見られた。

最後に、次端部狭窄型染色体（st-染色体）は二個だけなので、「二個あった」という事実だけを見ておこう（後に、この二個が、核型を仕分けする重要な手がかりの一つになるのだが）。

ほかの採集地からの2*n*＝44染色体についても、**図6**に示したように染色体を分類、配列して核型を比較検討した結果を、概念図を使って表現してみよう（**図7**：次中部狭窄型染色体は記載を省略）。

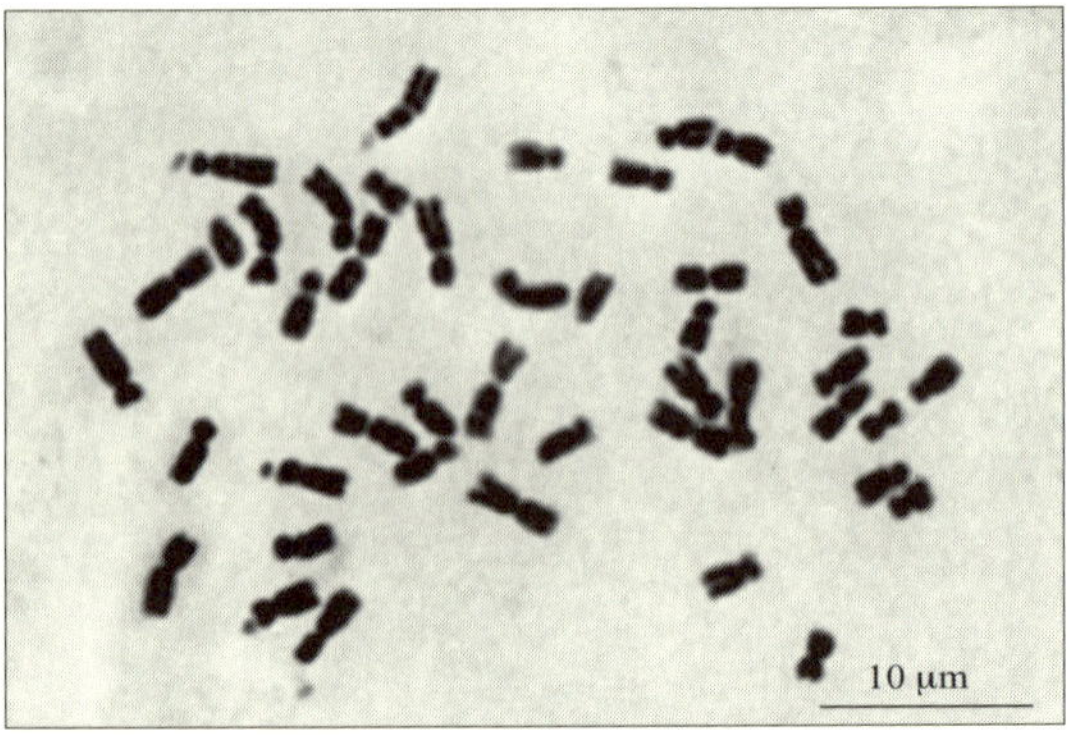

図5　2*n*＝44 根端細胞染色体（鹿児島県出水産）

図7を見ると、中部狭窄型（m）のL-染色体数は岩屋寺産から苫小牧産へと漸減している。苫小牧産がもっとも少なくて二対だ。一方、S-染色体と次端部狭窄型染色体（st）は、岩屋寺産から苫小牧産へと漸増傾向にある。

2*n*＝44ツユクサの個体群には、核型を異にする植物群（サイトタイプ）が存在することがわかった。

祖先型の核型はどれか？

では、どの核型がもっとも原始的なタイプなのだろうか？岩屋寺型か苫小牧型のどちらかだろうが、**図7**だけではよくわからないが後述のほかのツユクサの核型変異を総合すると、岩屋寺産がもっとも原始的な核型をもつことがわかった。

2*n*＝46ツユクサの核型

この植物の核型は、地域差があまりない。つまり、この植物の誕生が若いことを示唆している。どの個体も類似した核型をもち、中部狭窄型、次中部狭窄型、次端部狭窄型の染色体群で

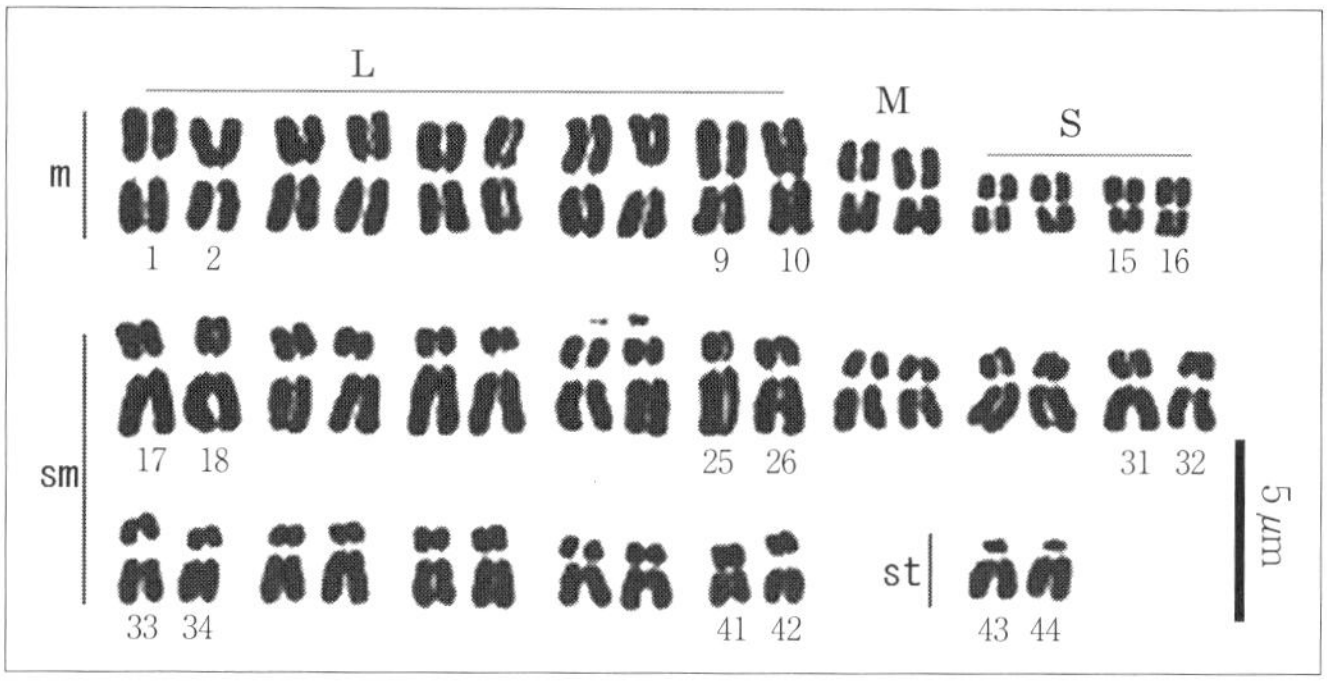

図6　2*n*＝44 核型の表現方法。動原体位置から中部狭窄型（m）、次中部狭窄型（sm）、次端部狭窄型（st）に分けられる

構成され、中部狭窄型染色体（m）は、L、M、Sの三群からできていた。ただ、日本海側（山陰や北陸）の$2n=46$ツユクサの付随体は、瀬戸内や太平洋側のそれらにくらべて大きい傾向が見られた（**図8**矢印）。付随体の形態だけを問題にすれば、$2n=46$ツユクサの核型には日本海側型（付随体が大きい）と太平洋側型（付随体が小さい）に分けられる。この違いが生じた理由は、よくわからない。しかしこの観察結果は、オオボウシバナ（ツユクサの園芸品種）の起源を考察する重要な手がかりになるのだが、その話は後まわしにしよう。

$2n=48$ツユクサの核型

関東地方のものと北海道からのものとでは、核型が違う。

北海道産$2n=48$ツユクサでは（**図9**）、①大きい付随体が見られる。②中部狭窄型染色体（sm）と次端部狭窄型染色体（st）の数が少ない。

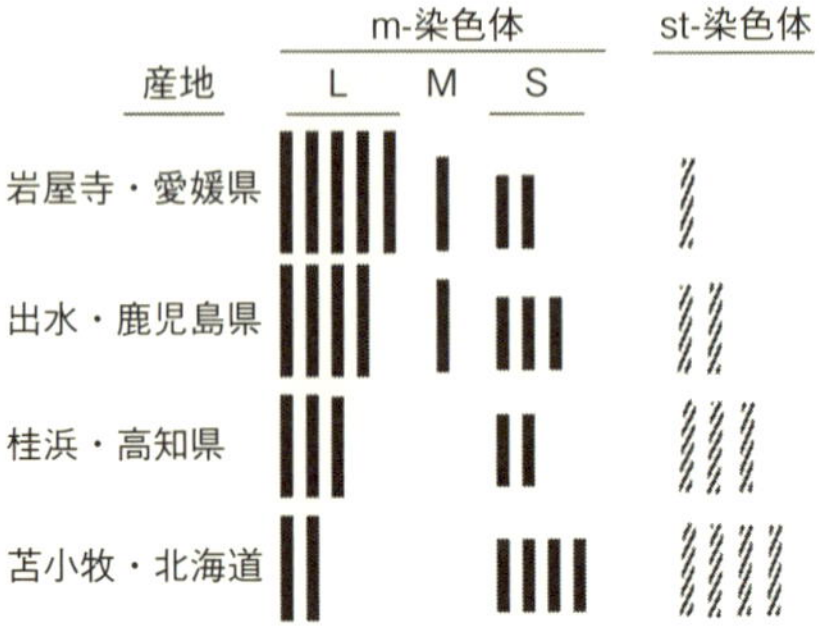

図7　$2n=44$ ツユクサの核型分化模式図。L-染色体が漸減し、st-染色体が漸増

$2n$＝50と$2n$＝52ツユクサの核型

北海道でのみ見られた。この二つのツユクサが、どのような進化の歴史的背景をもって北海道で生活をするようになったのかは、今のところよくわからない。

彼らの核型は那須産$2n$＝48ツユクサよりも、北海道産$2n$＝48ツユクサの核型に似ている。しかし、$2n$＝48ツユクサは朝鮮半島にも分布している（Fujishima *et al.* 2004）。また、韓国の研究者の一人、高聖哲は、韓国西海岸のツユクサで$2n$＝52を見たことがあるという（未発表）。私は朝鮮半島での$2n$＝52を確認してはいないが、

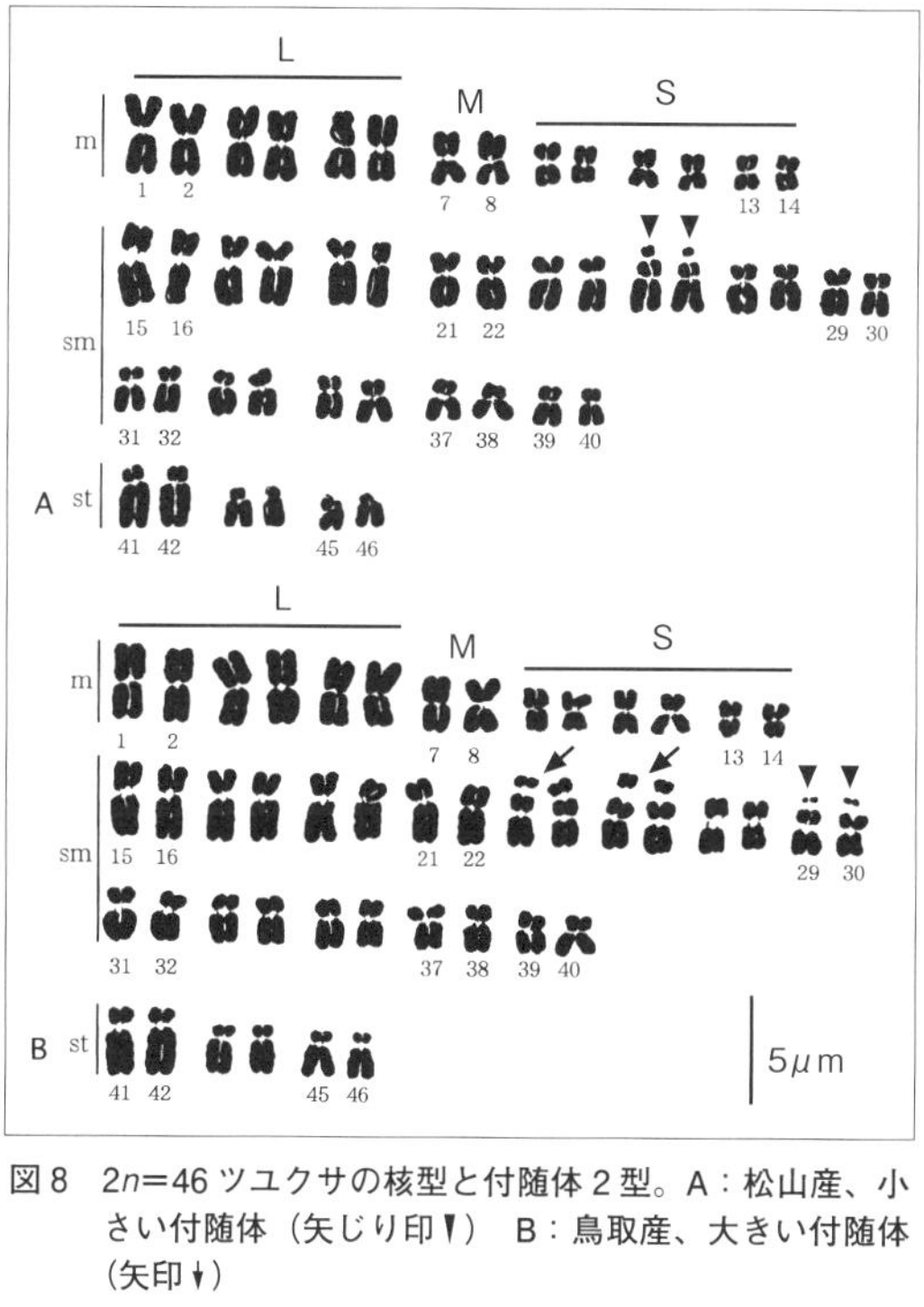

図８　$2n$＝46 ツユクサの核型と付随体２型。A：松山産、小さい付随体（矢じり印▼）　B：鳥取産、大きい付随体（矢印↓）

その存在を否定はできない。

大陸に$2n$＝50や52ツユクサが存在するなら、北海道の$2n$＝50や52ツユクサの核型との関係はどうなのだろう。彼らがシベリアからベーリング海峡を渡って北海道へ南下して来たというルートも無視できなくなる。北海道の$2n$＝50と52ツユクサは、謎の多い連中だ。

謎は多いのだが、**図10**に示すように、北海道産$2n$＝48、50、52ツユクサの核型は、相互に比較的類似性が高い。$2n$＝52には二核型が見られた。

$2n$＝44シリーズの核型分化の方向性

ここまでで、$2n$＝44シリーズのツユクサの核型の特徴がおおまかにわかったところで、$2n$＝44シリーズの核型を一つの概念図（**図11**）にまとめてみよう。この仲間の核型変化の全体的な流れがわかる。

図11から、次のような特徴が指摘できる。

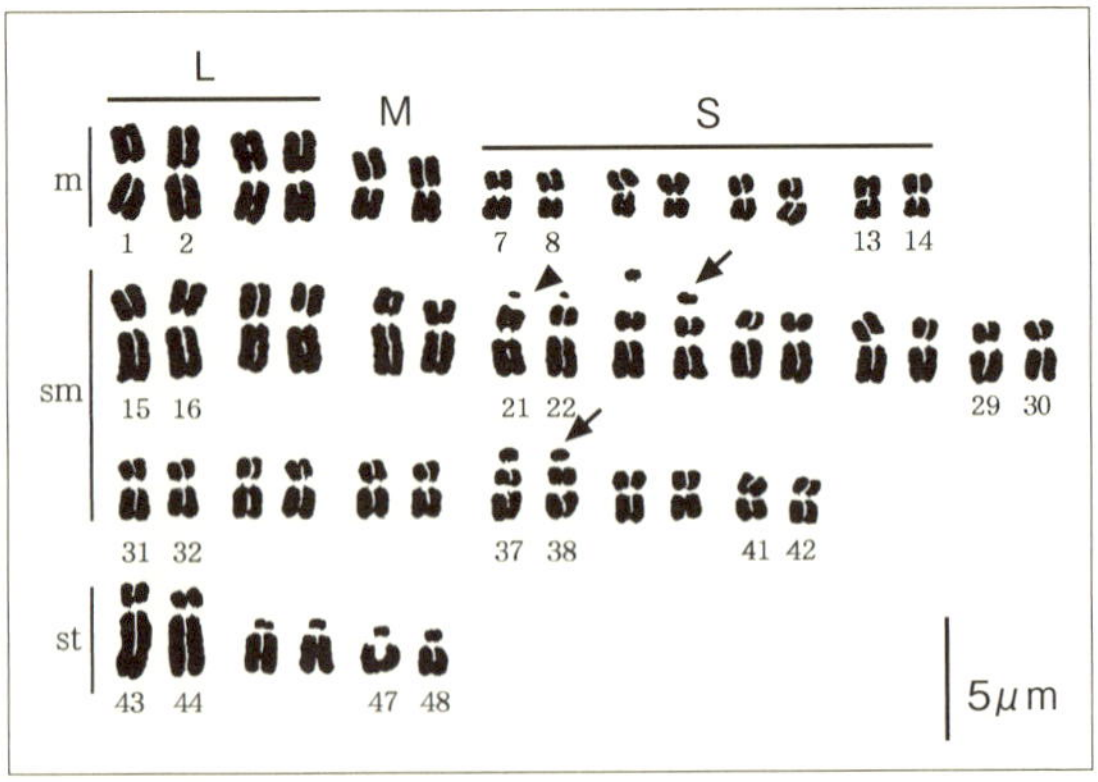

図9　$2n$=48ツユクサ核型（札幌産）。小さい付随体（矢じり印）と大きな付随体（矢印）が見える

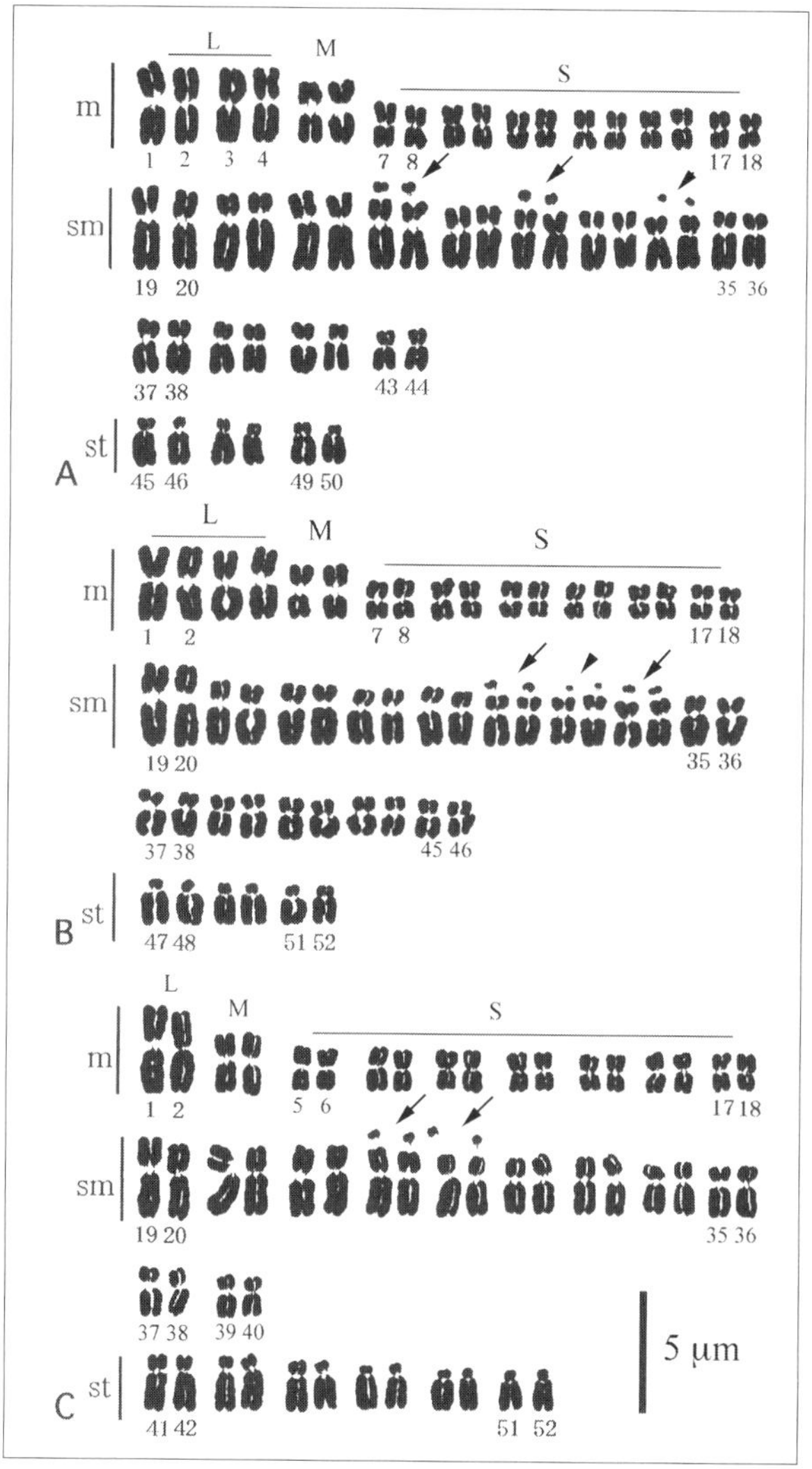

図10　2n=50（A）および52（B、C）の核型。小さい付随体（矢じり印）と大きい付随体（矢印）。L−染色体は減少、st−染色体は増加の傾向

(1) 中部狭窄型染色体（m）のうち、中間的大きさのM-染色体が$2n$＝44から$2n$＝52までのツユクサにつねに一対、安定的に存在する。

(2) 大型のL-染色体は、$2n$＝44の五対から$2n$＝52の一対へと、染色体数の増加につれて、減少している。

(3) L-染色体とは反対に、小型のS-染色体と次端部狭窄型のst-染色体の数は順次増加傾向にある。

以上の結果から、$2n$＝44染色体シリーズのツユクサは、「大型の染色体（L）の数を減らし、小型の染色体（S）や次端部狭窄型染色体（st）の数を殖やす方向へと核型分化が進んだ」と、結論できる。

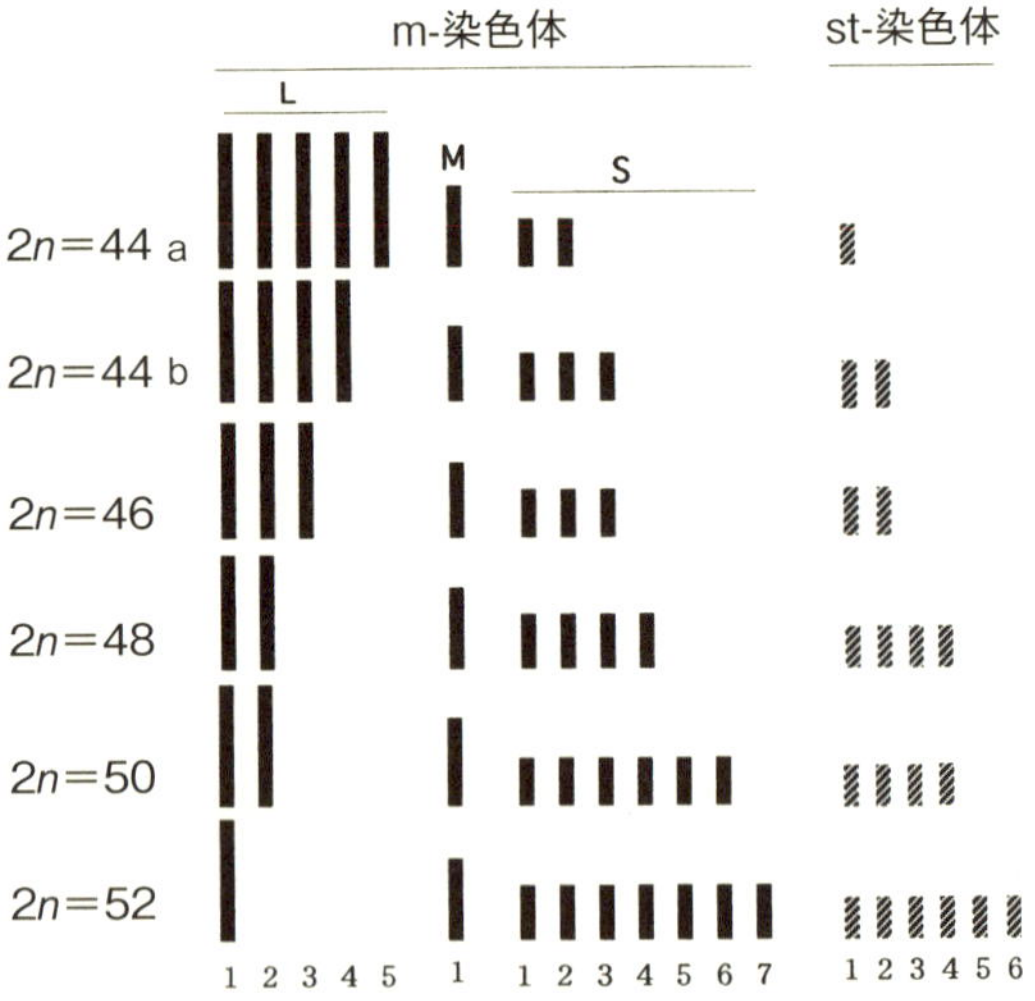

図 11　$2n$=44 シリーズツユクサの核型分化概念図（Fujishima 2003 から改変）

$2n=44$植物の核型の多様性は、どのようにして生じた？

$2n=44$シリーズの植物中、もっとも地理的分布範囲が広いのが$2n=44$植物であることがわかった。九州から北海道にまで見ることができる。しかし、その分布は飛び石的だ。

有史以前の縄文期には、今よりも気温は平均で三℃ばかり高かった。この高温に助けられ、ツユクサたちは日本列島を容易に北上できたにちがいない。初期の$2n=44$植物は日本列島の南から北まで、連続的に分布していたであろう。しかしやがて、新しい$2n=46$ツユクサが西日本に、$2n=48$ツユクサが中部日本以北に、$2n=50$や52ツユクサが北海道に現われた。さらには倍数体の$2n=88$や90ツユクサたちが日本列島へ出現した。これら新参者との生存競争に敗退して、$2n=44$ツユクサは分布域を分断され、縮小させられ、現在見るような分断的、飛び石的な地理的分布をもつに至ったのだろう。

朝鮮半島や中国大陸のツユクサ

朝鮮半島のツユクサ

朝鮮半島をふくむアジア大陸には、どんな染色体数をもったツユクサが生えているのか。これが今のところ、あまりはっきりしない。

朝鮮半島については、私と韓国の研究者との共同研究が唯一の文献だ（Fujishima *et al.* 2004）。この共同研究から韓国のツユクサの染色体数は、$2n=44$、48、86、88、90であることがわかった。すべて、日本のツユクサで見られる染色体数だ。韓国産ツユクサの外部形態も、日本のツユクサと変わらない。しかし、韓国では$2n=46$ツユクサが見当たらないことに注目してほしい。

中国大陸のツユクサ

一九八七年に中国の北京で開かれた日中合同植物染色体研究シンポジウムで（編集：D. Hong *et al.*）、J・ツェンほか二人の中国人研究者が、「中国におけるツユクサ科植物の細胞遺伝学的研究第1報」（英文）として、おもに中国西南部で採集したツユクサの染色体数を報告した。中国産ツユクサの染色体数は$2n$＝16、22、28、32、36、40、44、56、58、62、66、70、76、80、90、98、104、120であるという。しかし、外部形態の記載はない。

これで見ると、中国のツユクサの染色体数は、じつに変化に富んでいる。しかし、日本のツユクサと共通する染色体数は、$2n$＝44と90のみだ。核型の記載はあまりないが、数少ない染色体写真から類推すると、日本のツユクサとの共通性は、あまり高くない。ここでも、$2n$＝46が見当たらないことに注目したい。

この報告より新しい論文では、王ほか（一九九四）「浙江鴨跖草属植物的核型研究」（中国語文）がある。中国の浙江《チエジヤン》地方でのツユクサの染色体報告である。これには$2n$＝22の染色体写真と核型分析表が記載されている。

ここでも、中国産ツユクサの外部形態の記載がないので、日本のツユクサと同系統なのかどうかの吟味ができない。日本のツユクサの染色体数を議論するためには、中国大陸東南部や東部近辺のツユクサ研究がどうしても必要だ。近い将来、この辺りのツユクサ研究を補填して改めて議論をし直すことを前提にして、話を先へ進めることにしよう。

大陸産2n＝44ツユクサの核型

中国─朝鮮半島─日本の系列で、共通して2n＝44ツユクサが見られたということは、日本および朝鮮半島の2n＝44ツユクサの共通祖先は、かつて中国の雲南地方で生きていた2n＝44ツユクサであるのかもしれない。だが、韓国（朝鮮半島）の2n＝44ツユクサの核型は、日本の2n＝44ツユクサのどの核型とも違っている。

日本の2n＝44ツユクサのなかには、有史以前に中国─朝鮮半島─日本のルートで、わが国へやって来たものもあるだろう。しかしその後、2n＝44ツユクサは朝鮮半島と日本列島のそれぞれに海峡を隔てて分断された。両者間で交流のないままに独自の核型分化が進行し、長い時間の流れのなかで、両者の共通性は稀薄になっていったのだろう。

日本固有のツユクサ

2n＝46ツユクサは現在のところ、中国大陸や朝鮮半島では見つかっておらず、日本固有のツユクサだ。関東地方以西では、2n＝88ツユクサに次いで個体数が多い。

$2n=46$ツユクサと88ツユクサの生態的分布

$2n=46$ツユクサには苞の外面にたくさんの軟毛が見られるが、$2n=88$ツユクサにはそれがない。これを一つの手がかりにして、四国の瀬戸内側にある松山平野と中国地方の日本海側にある鳥取平野で、両者の生態的分布を調査した（結果は未発表：藤島・橘 一九七三参照）。この両地方にあっては、両者を苞の外部形態で大まかに仕分けることができる（図2）。

松山平野では、$2n=46$ツユクサは、山間部の畑や農道わきで多く見られたが、平野部の田んぼが広がる地域ではほとんど見つからない。一方、$2n=88$ツユクサは、調査の全域でごくふつうに見ることができた。山林伐採の跡地にも、パイオニア的に侵入していた。

鳥取平野でも、松山平野と同様の結果が得られた。

松山平野と鳥取平野のツユクサの染色体を調べているうちに、面白いことに気がついた。鳥取のツユクサは染色体の付随体が松山のそれより大きいのだ（図8矢印）。この違いは、両平野間に限った現象ではない。日本海側のツユクサの付随体は大きく、太平洋側のそれは小さい（図13）。染色体数は同じでも、太平洋側と日本海側とでは系統に分化が見られることが予想される。

そのほかのツユクサ

$2n=48$ツユクサには、核型が異なる二系統が見られた。一つは、那須産$2n=48$ツユクサ（本州）で代表される核型のツユクサであり、もう一つは札幌産$2n=48$ツユクサ（**図9**）である。那須産$2n=48$の核型は付随体が小さい太平洋側型である。札幌産$2n=48$は付随体が大きく日本海側型であり、$2n=50$や52に類似していた。

$2n=50$と$2n=52$ツユクサは、すでに述べたように、北海道のみで見つかっている。北海道産$2n=48$ツユクサの核型と類似している要素が多いので、多分、北海道産$2n=48$ツユクサと共通な先祖をもつツユクサたちだろう。彼らは、北海道の最北端の地、稚内の人里にもたくましく生きていた。$2n=44$ツユクサから$2n=52$ツユクサへの種分化の道筋（この分化が日本列島で生じたとは限らない）で、耐寒性を獲得し、北国の短い夏に花をつけ、実を結んで子孫を残す術を獲得していったにちがいない。

日本でいちばん多いツユクサ

北海道の南部以南、日本列島のほぼ全域でもっともふつうに見られるツユクサは、2*n*＝88ツユクサだ（**図12**、**図13**）。このシリーズには、このほかに2*n*＝86と90ツユクサがある。これらのツユクサの苞には毛が見られない（**図2**）。

2*n*＝88シリーズの基本になる染色体数は、2*n*＝88である。

図12は、2*n*＝88ツユクサ（鳥取県物見峠産）の根端細胞染色体の顕微鏡写真だ。これをスケッチにおきかえて、染色体を配列したものが**図13**だ。

日本海側と太平洋側とでは違う染色体の形

日本の2*n*＝88ツユクサの核型は、**図13**Ａ（岩屋寺産）と**図13**Ｂ（物見峠産）とで代表させることができる。

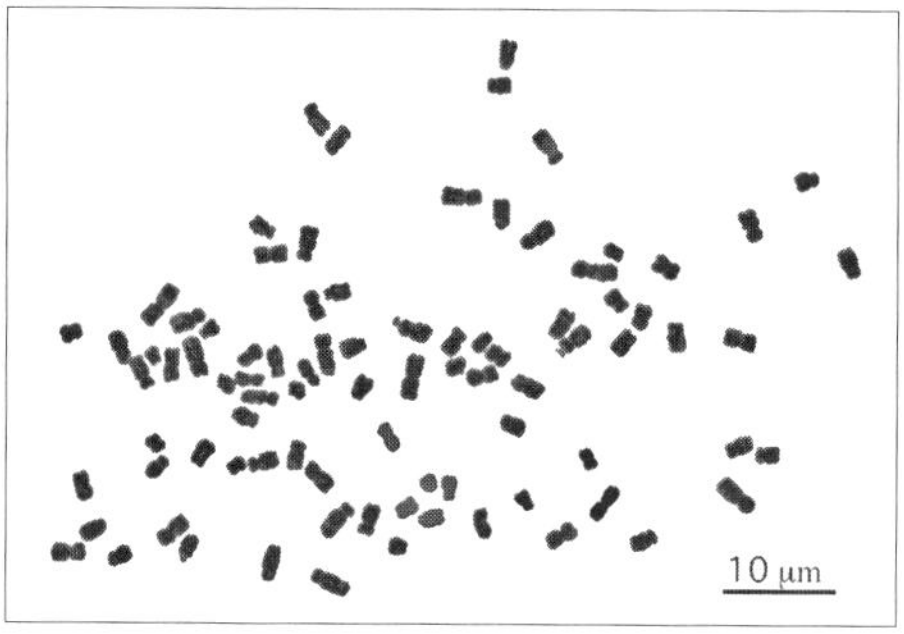

図12　2*n*＝88 ツユクサ（物見峠産）の根端細胞染色体

岩屋寺産も物見峠産もともに、$2n=88$染色体を中部狭窄型（m）、次中部狭窄型（sm）、次端部狭窄型（st）の三群に仕分けることができた。ところが、岩屋寺産ツユクサは三群のいずれの染色体長も漸変的だが、物見峠産ツユクサの中部狭窄型（m）は、大型の2対（L）と中〜小型の13対（M〜S）の二群に仕分けできる。こうしたとき、核型はm-染色体長に関して二相性だという。

一般に、二相性の核型は単相性の核型よりも進化した核型だとされている。この仮説をツユクサに当てはめると、岩屋寺産$2n=88$ツユクサよりも物見峠産$2n=88$ツユクサのほうが核型的に進化したツユクサということになる。

四国や太平洋側の$2n=88$ツユクサの多くは岩屋寺型、日本海側は進化型の物見峠型であった。日本海側に進化した核型の$2n=88$ツユクサが見られたのはどうしてだろう？

$2n=88$物見峠型（日本海側）ツユクサは、朝鮮半島（韓国）にも広く分布していることがわかった。朝鮮半島と日本列島の間には、過去に何回にもわたって、人や物の往来があった。人や物の渡来とともにツユクサも日本列島へやって来たのかもしれない。そのなかの一つに、$2n=88$岩屋寺型もあったにちがいない。

こうした先駆的ツユクサの後に、核型的により進化した$2n=88$物見峠型ツユクサが朝鮮半島から日本列島へやって来た、と考えられる。北九州へ上陸した物見峠型ツユクサは、先駆的ツユクサ（岩屋寺型）を排除しながら日本海側を北上した。結果的に、日本海側に物見峠型が、太平洋側に岩屋寺型

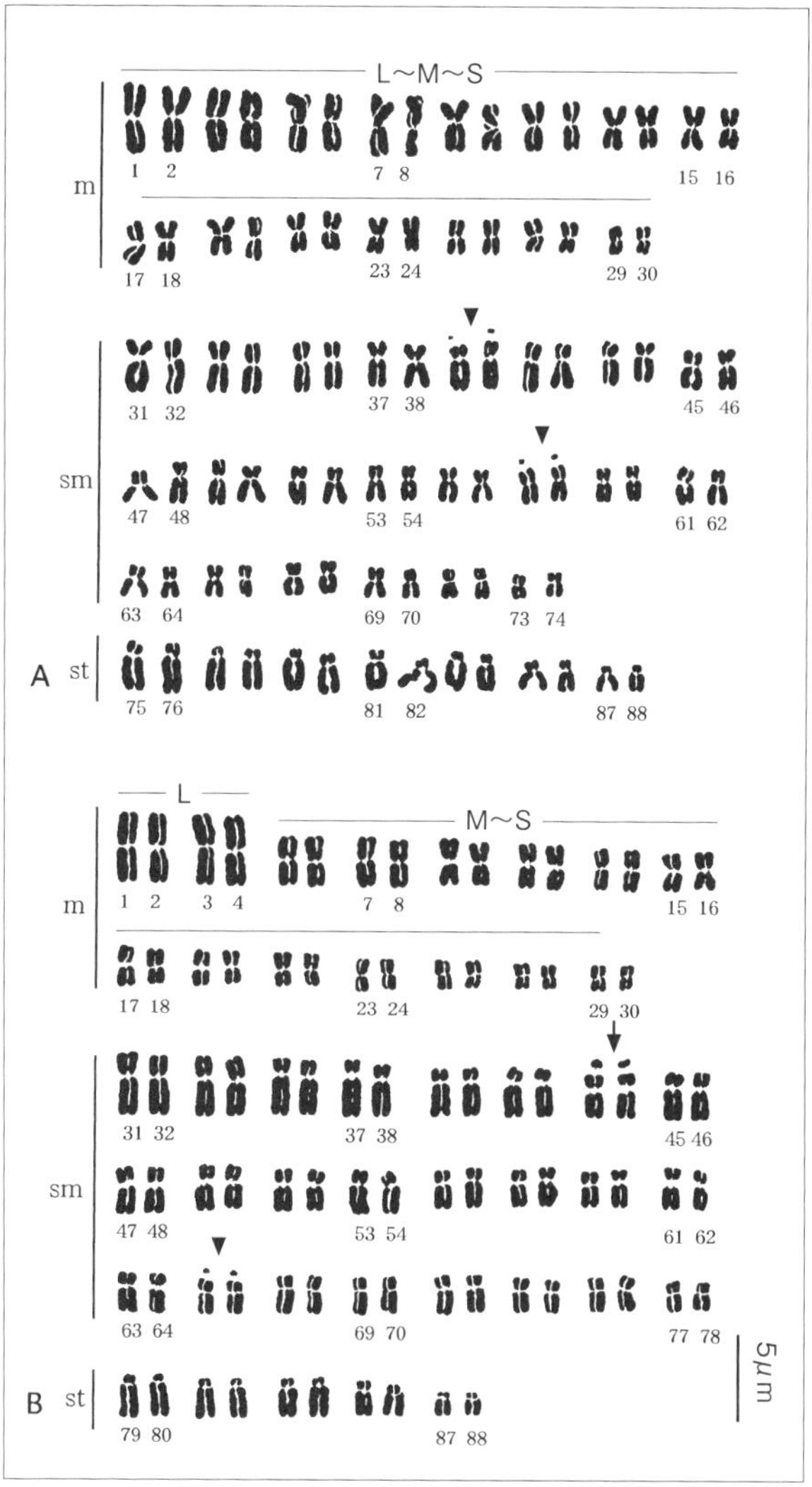

図13　2n＝88ツユクサの核型。A：岩屋寺産（太平洋側型）　B：物見峠産（日本海側型）。小さい付随体（矢じり印）と大きい付随体（矢印）が見える

が分布するようになったのだと考えられる。

$2n=86$と$2n=90$ツユクサの核型

$2n=86$ツユクサの染色体（**図14**）とともに、$2n=86$、88、90の関連性を**図15**に模式的に示した。$2n=86$ツユクサの核型は、物見峠産$2n=88$と同様に二相性である。二相性の$2n=88$ツユクサ（物見峠型）から二個の染色体を失って二相性の$2n=86$ツユクサが派生したとすると、説明しやすい。$2n=90$ツユクサは、いずれの染色体群も、染色体長は漸減的で、この点で$2n=88$ツユクサ（岩屋寺型）に類似している。$2n=90$ツユクサの成因はよくわからないが、岩屋寺型ツユクサと関連がありそうだ。

$2n=86$ツユクサは本州の北部から西寄りに飛び石的に分布しており、$2n=90$ツユクサは関東地方以北から北海道の札幌辺りまでに偏在して分布している。

$2n=86$と$2n=90$ツユクサは、朝鮮半島でも観察できた。核型の一部が日本のものと違ってはいるが、染色体の基本構成は中部狭窄型、次中部狭窄型、次端部狭窄型の三グループから成り、この点では日本の$2n=86$や90ツユクサと共通していた。したがって、日本の$2n=86$や90ツユクサの共通的祖先は大陸産ツユクサだろう。日本列島渡来後に、日本列島でさらに微細な核型変化を起こしたにちがいない。

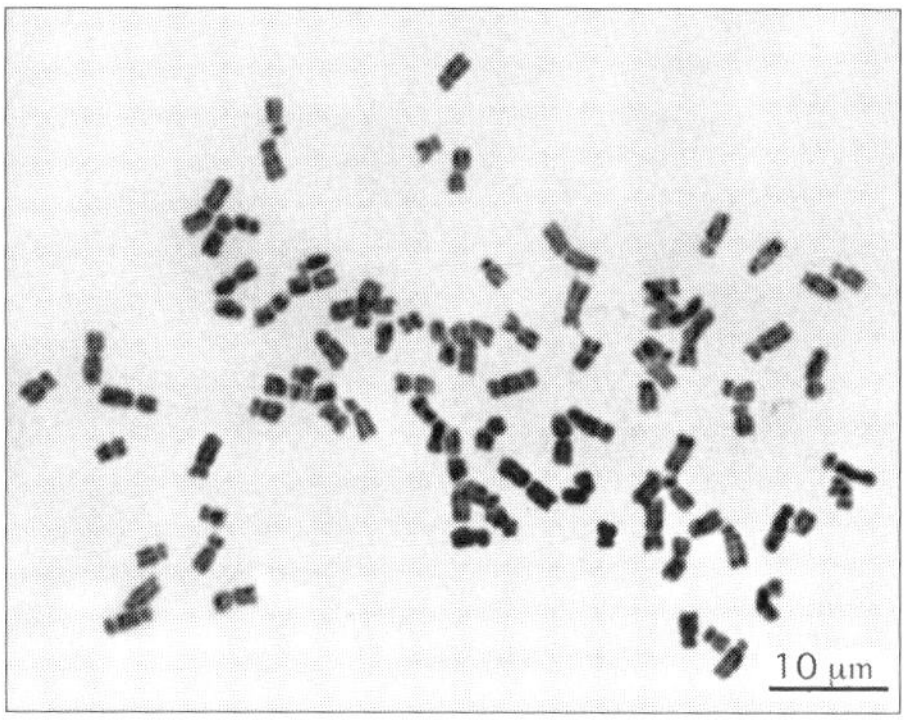

図 14　2n=86 ツユクサの根端細胞染色体（石川県能登産）

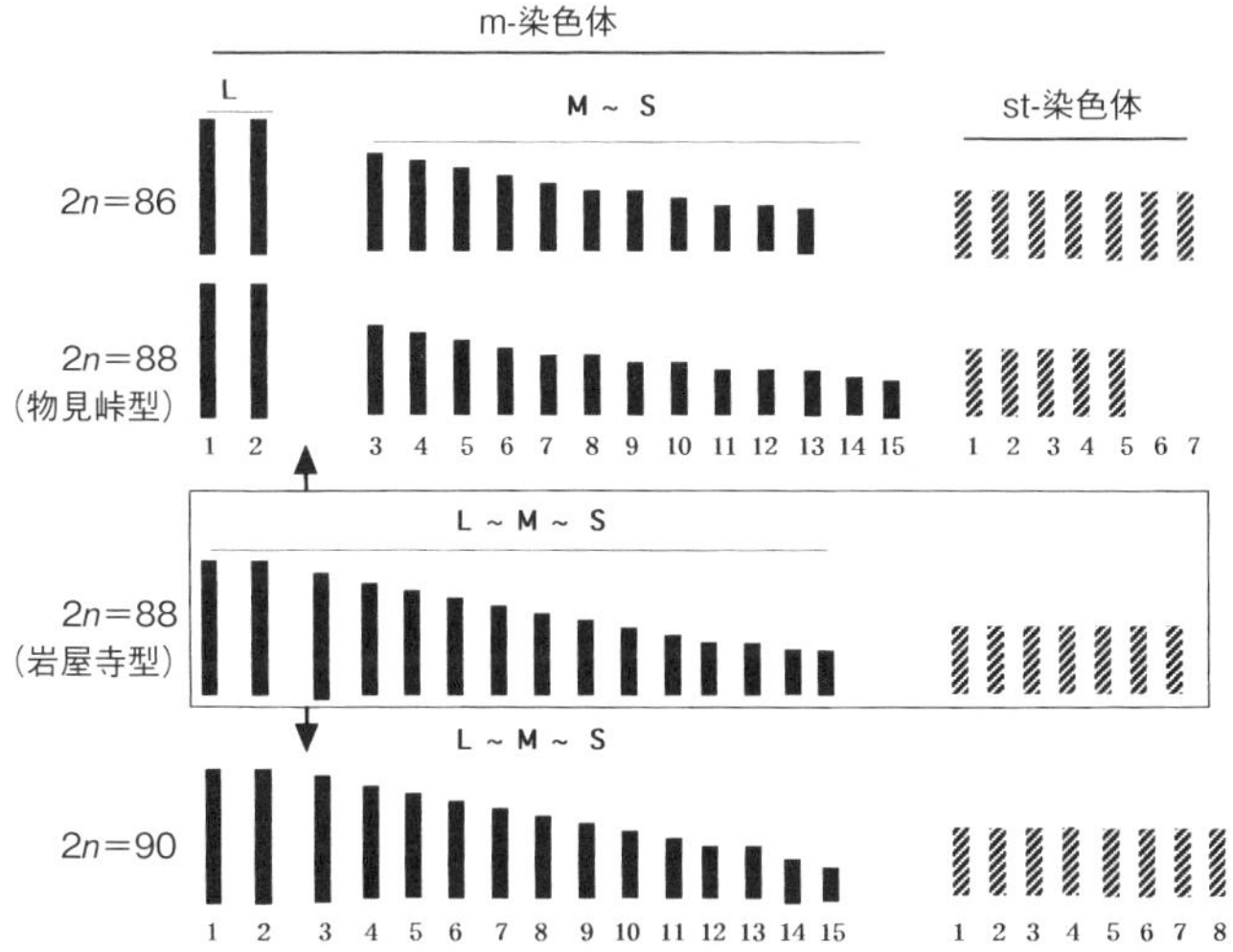

図 15　2n=88 シリーズツユクサの核型分化概念図。染色体の長さが漸変的な核型を原始型、長さによって染色体をグループ分けできる核型を進化型とすると、岩屋寺型 2n=88 ツユクサが原始的となる。この核型を起点にして、図中矢印方向へと核型分化が広がったと考えられる

ツユクサは、稲作とともに日本へやって来た？

史前帰化植物という考え

キツネノボタンの章で詳しく述べたが、前川文夫の「史前帰化植物」という仮説がある（前川　一九四三）。日本に見られる雑草の多くは、農耕技術をもった古代人が日本列島へやって来たときに、いっしょにやって来た植物たちだというのである。ツユクサはそうした植物の一つとされている。

笠原安夫は、ツユクサを畑地雑草だという（Kasahara 1954、笠原　一九七六a、b）。ツユクサは、世界の稲作地帯に広く見られる草本の一つだ。日本の田んぼでも、あぜや農道わきにツユクサが生える。除草をしないでおくと、茎を伸ばして耕地内へと侵入する。農耕の初期には、栽培植物と雑草とをはっきりと分別しながら栽培をしていたのではないという（佐藤　二〇〇二）。

さらに付言すれば、稲作農業は畑作をしないという意味ではない。田んぼの周辺の空き地では、半野草的なものであったとしても、野菜に相当するような植物を栽培したにちがいない。かつての日本の田園のように、人の居住する周辺に田んぼや畑地が混在し、また薪を採取した雑木林も広がっていたであろう。

$2n=44$ツユクサは、林縁の樹木と草本が混生するいわゆる「そで群落」のなかで、すなわち野草的な状態で生育をしていることが多く、雑草と見なすには抵抗がある。$2n=44$ツユクサは、ほかのツユクサ仲間から別扱いしなければならないかもしれない。こうした例外的なツユクサもあるが、ツユクサ全体としては、前川や笠原の意見にしたがって、史前帰化植物とするのが妥当だと思う。しかし、ツユクサの渡来は一回限りではなく、波状的に何回も大陸から日本列島へやって来たであろう。

ジャポニカ米（米粒が楕円形）の稲作農業の起源は、渡部忠世の提唱したアッサム説が支配的であった（渡部 一九七七）。新たな発掘調査の知見などから、最近では中国の長江流域を起源とする意見が支配的になってきた（池田 一九九八、陳・渡部 一九八九）。しかし、研究者の意見は必ずしも一致しているわけではない。また、イネの日本への伝搬、さらには日本列島をどのように北上したのかも詳細は不明のままだ（中橋 二〇〇五など）。

こうしたイネの文化史に関連して、日本列島への人類の移住には三ルート説（中国大陸南部→琉球列島→九州、朝鮮半島→北九州、シベリア→サハリン→北海道）がある（池田 一九九八）。この説をとるならば、三段論法だとの批判はまぬがれないが、北海道特産の$2n=50$や52ツユクサは、サハリン経由の北からの移住者との仮説もあってよいのではないだろうか。

イネの文化史は、考古学的にも農業生物学的にも興味ある問題であり、議論が盛んであるが、イネに随伴したとされる雑草学、たとえばツユクサの種分化史は、まだ誰も手をつけていなかった。ツユクサの染色体を調べるまでは、日本の風土に密着して、これほどまでに彼らが種を分化（染色体構造を複雑化）させているとは想像すらしていなかった。

招かれざる客として田んぼや畑から排除しつづけられた彼らは、そのことを逆手にとって、日本の農地に密着しながらたくましく種を分化させ、生きつづけてきていた。日本の古い農村は、ツユクサの多様な種分化を許すほどにおおらかな自然環境を抱えていたということだろう。

ツユクサの分類学と染色体数との関係

ツユクサの外部形態と染色体数との関係は、今のところ、苞の表面に毛があるツユクサ（有毛型）は2*n*＝44シリーズ、一方2*n*＝88シリーズのツユクサは毛をもたないこと（無毛型）くらいがはっきりしている程度だ。

苞の外面が無毛で花弁が長卵形をウサギツユクサ（f. *mirabunda*、命名：檜山庫三）としている。

しかし、ツユクサの花弁や苞の形は、変異しやすい。**図16**左は一つの花軸の雄花（上）と両性花、**図16**右は同一株からのいろいろな形の総苞片だ。変異の幅が大きい。

牧野富太郎は、花弁の白色のツユクサをシロバナツユクサ（f. *albiflora*）、花弁が淡紫色をウスイロツユクサ（f. *caeruleopurpurasens*）としている。シロバナツユクサの染色体数は、2*n*＝46、86、88が算定され、ウスイロツユクサでは$2n$＝46と88が、韓国産では90が数えられた。

ウサギツユクサやシロバナツユクサ、ウスイロツユクサの各々を系統分類学上の亜種や変種とし、それぞれに染色体数の異なるツユクサが内在すると考えると、ツユクサの分類体系は複雑極まりないものになる。

染色体数を優先させて体系化するか、形態を優先させて体系化するか、どちらを選択しても絶対的な誤りではない。しかし、自然科学は、単純明快を公理として組み立てられた学問大系である。このことを前提にするなら、染色体数を優先させた整理のほうが、今のところは、より自然に近い解決の仕方だといえる。

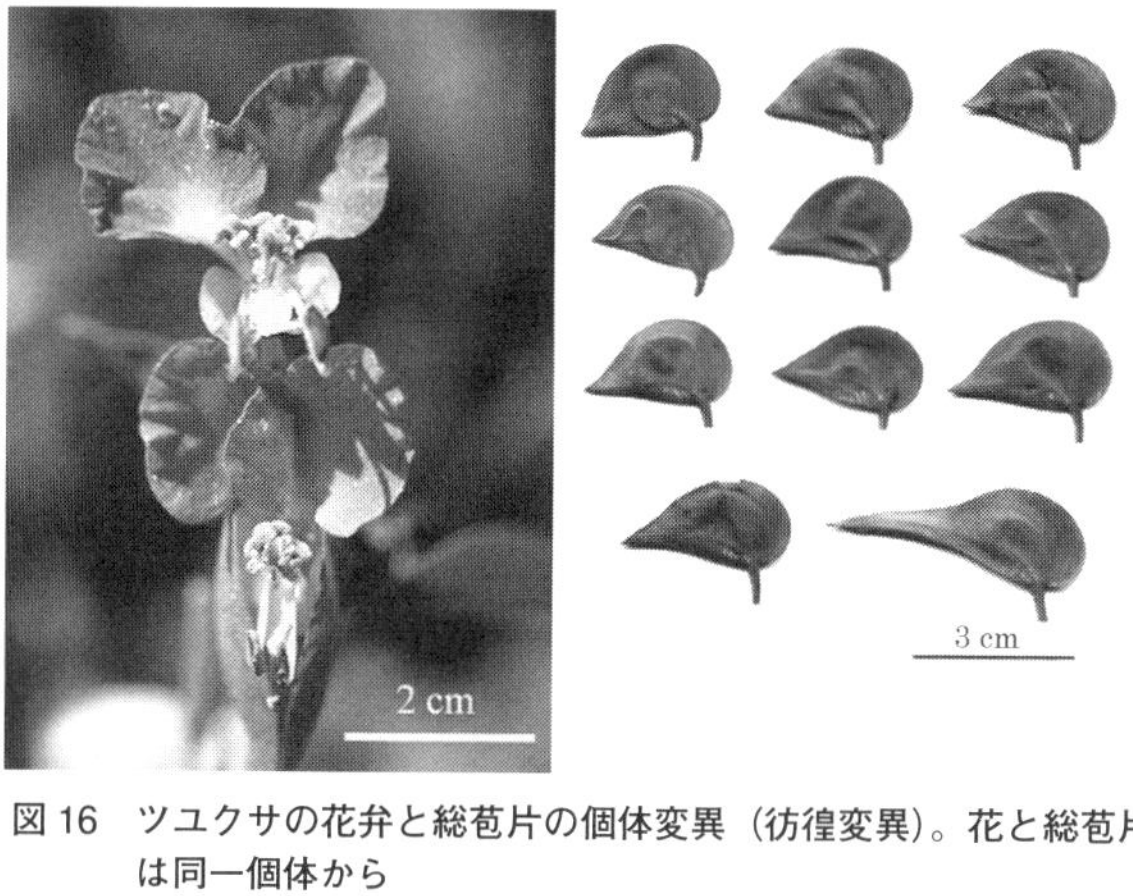

図16 ツユクサの花弁と総苞片の個体変異（彷徨変異）。花と総苞片は同一個体から

栽培型ツユクサ「オオボウシバナ」は、どのようにしてつくられたか？

オオボウシバナの起源伝説

ツユクサの栽培種に、オオボウシバナがある。アオバナ（青花）ともいう。

オオボウシバナは、花（花序）を包む苞の外面に多数の白軟毛が生える。有毛ツユクサの系統だ。しかし、草体が巨大で立性であることから、ほかの有毛ツユクサから一見して識別できる（**図17**）。

このオオボウシバナは、中国からの渡来植物だとの説もある（帝京大学薬用植物園ホームページ、二〇〇七年など）。しかし、次に述べるように、染色体数や核型の視点からは、その説に懐疑的にならざるをえない。

図17　オオボウシバナ（左）とツユクサ（右）。両者とも苞は有毛

オオボウシバナを民俗学的視点からていねいに調べ上げた著書に『アオバナと青花紙』（坂本・落合一九九八）がある。

現在、オオボウシバナは滋賀県草津地方を中心に栽培され、花弁の青い色素で和紙を染めて青花紙をつくる。また、オオボウシバナの青色色素は水によく溶け、布につけてもあとが残らないので、友禅や絞染などの下絵をかく絵の具として重宝される。

『アオバナと青花紙』によれば、室町時代にすでに「青花」を売買する業者集団「青花座」が京都にあったという。

しかし、当時の「青花」がオオボウシバナから採取したものか、ツユクサからのものであったかはわからない。江戸時代になり、近江の特産品として「青花紙」を最初に記録した文献は『毛吹草』（松江　一六三八）だという。一七六三年（江戸中期）、平賀源内の『物類品隲《ぶつるいひんしつ》』には、ツユクサとオオボウシバナ（アオバナ）との形態的特質が区別して記されており、これがオオボウシバナ（アオバナ）という植物が記録された最初の文献であるらしい。

この頃になると、ツユクサとオオボウシバナとは別の植物として人々に認識されていたはずだ。

では、このオオボウシバナの発祥地は、どこなのだろうか。

『アオバナと青花紙』によると、古くからオオボウシバナが栽培されていた草津地方では、アオバナについてのいろいろな民話が語り継がれており、大変興味深いことに、いずれの起源説話も草津川下流の草津市木ノ川が舞台になっている。したがって、この辺りでツユクサからアオバナが創出され、それを用いて青花紙という特産品が生産されたことを暗示している、という。この説話では、オオボウシバナは日本の草津地方で起源した植物ということになっている。

染色体からオオボウシバナの起源をさぐる

私の手元で栽培（系統保存）していたオオボウシバナの種子を、福本日陽に乞われて送ったことがある。染色体数は$2n=46$だということであった（福本 一九七九）。これとは別の系統のもので調べた結果も、$2n=46$であった。

ツユクサの染色体数$2n=46$は、すでに述べたように、日本産の有毛型ツユクサでのみ確認された染色体数だ。オオボウシバナが日本列島で誕生した可能性は、染色体数の面からも非常に高い。

オオボウシバナの核型を調べた論文はないので、念のためにオオボウシバナの核型を調べてみた（藤島 二〇〇八）。オオボウシバナの四六個の染色体は、m-染色体七対、sm-染色体一三対、st-染色体三対の三グループから成り、m-染色体七対はL（三対）、M（一対）、S（三対）で構成されていた（**図18**）。この核型は、まさに$2n=46$ツユクサの核型とぴったり同じだ。しかも、一対見られた付随体（**図18**矢じり印）はサイズが小さく、明らかに太平洋側型だ。右に引用したオオボウシバナの起源説話に語られている草津川の下流域ということとも矛盾しない。

オオボウシバナの核型は、栽培品種オオボウシバナが日本固有の2*n*＝46ツユクサ、しかも太平洋側に生育するツユクサから育成されたことを示している。外部形態も、有毛型2*n*＝46ツユクサと同形で、形態学的にツユクサとオオボウシバナを別扱いしなければならない知見は見当たらない（**図17**）。しかし、茎が立性化し、種子をはじめ（**図19**）、植物体の各部分が巨大化しているなど、栽培型植物の形質を備えた草形である。オオボウシバナは、日本人が野生の植物から農作物を育成した数少ない例の一つとして特筆に値する、と思っている。

オオボウシバナは栽培植物としては、やや未完成だ。この本の最初に述べたように、栽培植物の多くは熟した種子を自然脱落させることはない。ところが、オオボウシバナは、種子が熟すと野生のツユクサと同じようにぱらぱらと種子を落とす。しかし、自然落果

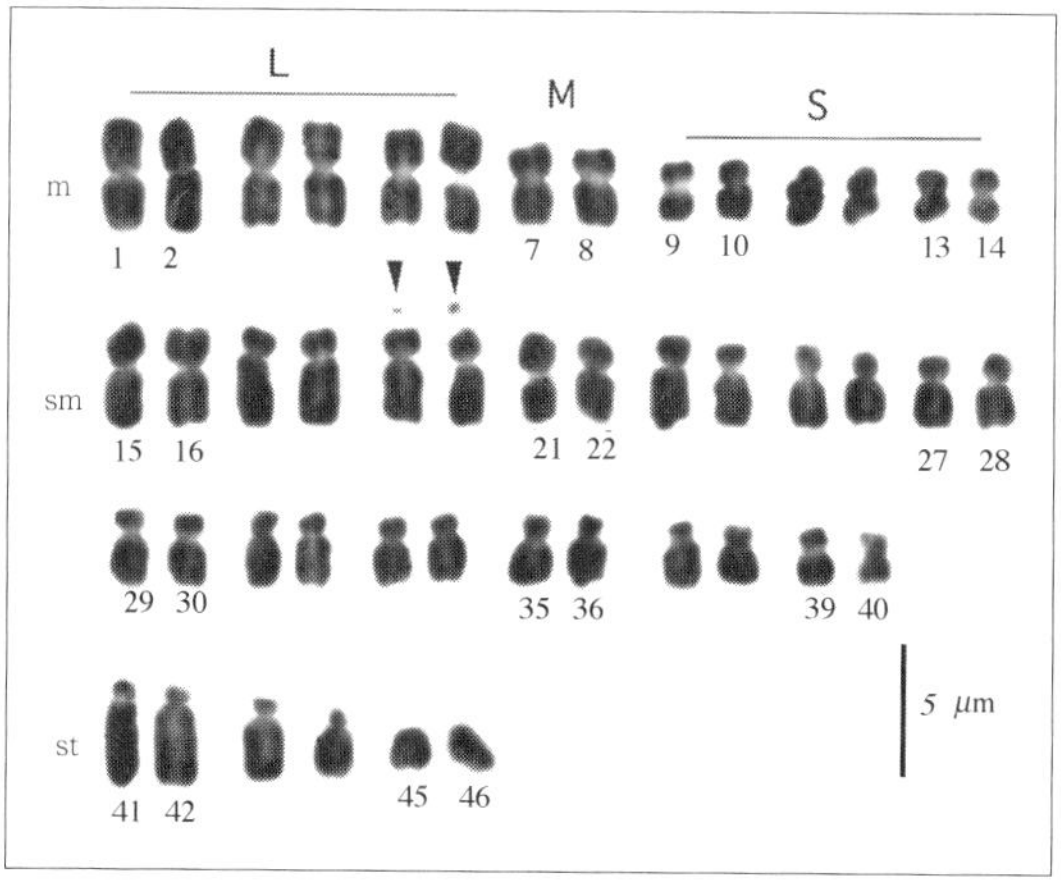

図18　オオボウシバナの核型（体細胞中期染色体、2*n*＝46）。ツユクサ（2*n*＝46）の核型に類似している

したほうが、オオボウシバナの栽培管理には都合がよいのかもしれない。

雑草として田んぼのへりや畑に生えるツユクサは、九州から北海道まで、外部形態の差異は若干あるにしても、どれも同じツユクサだと信じられていた。ツユクサの染色体数や核型を調べてみると、そうではなかった。染色体数や核型を異にするツユクサが、それぞれ固有の地理的分布を保ちながら、時には分布を錯綜させて日本列島で生きていた。彼らのなかには朝鮮半島のツユクサと同じ核型のツユクサもあった。ツユクサという一つの種のなかに、染色体数を異にする倍数体や異数体を分化させ、またそれぞれが染色体の構造的変化によって、核型を異にする多くの染色体種（サイトタイプ）を分化させていた。

雑草として抜き捨てられながらも、日本のツユクサは日本列島に生きた私たちの先人たちと、つかず離れずの生活を続けてきたのだろう。その証拠に、われわれの先人たちはオオボウシバナという栽培種をツユクサからつくり出している。

人の歴史の流れのなかで、日本のツユクサは多様な染色体種を派生し、これからも種分化を展開していこうとしている植物だと、改めて考えさせられている。

図 19　種子の比較。オオボウシバナ（左）とツユクサ 2*n*=46（右）

第5章 マルバツユクサの故郷はアフリカのサバンナ地方

マルバツユクサ（ツユクサ科、**図1**）とは「葉が丸い形をしたツユクサ」という意味である。

マルバツユクサの故郷とされるアフリカでは、サバンナ地方の開けた草原、高木や低木が混生する林の林縁や林床、湿潤な森林の林床、キリマンジャロ山岳地帯では標高一二〇〇メートルの傾斜地など多様な環境に生え、外部形態も単一ではない（Morton 1956, 1967, Lewis and Taddesse 1964）。

インドでは、ベンガル湾地方から標高一八〇〇メートルの中部高地にまで、砂質荒地、農耕地、森林内など、多様な環境に広く生育している。（Alam and Sharma 1984; Ganguly 1946; Sharma 1955 など）。外部

図1　畑地のマルバツユクサ

形態は日本のマルバツユクサによく似ており、形態変異はあまり見られない。

北アメリカの一部（カリフォルニア州）に帰化が認められたのは一九八〇年のことであったが（Faden 2007）、二〇〇七年には北アメリカの一部地域で除草剤の効かない最有力害草の一つになっている（NAPPO 2007）。

アメリカ大陸からハワイ諸島への侵入も確認されている。

日本列島では、琉球から太平洋側の海岸近くを千葉県房総半島辺りまで北上分布している。排水のよい砂地を好み、畑や果樹園の雑草になる。しかし、ほかの畑地雑草、たとえばエノコログサ、シロザ、ハコベ、スズメノカタビラなどとは生え方が少し違う。春に果樹園や畑を除草すると、そこに裸地ができることをねらっていたかのように発芽し、成長する。発芽は晩秋まで続く。

日本列島はマルバツユクサの分布圏の最北端域の一つである。分布圏拡大の最前線の日本列島で生きるマルバツユクサの染色体には、どんな特徴が見られるのだろうか。

日本でのマルバツユクサの形態

地上に雄花と両性花、地下に閉鎖花

苞《ほう》（総苞片）は基部が癒合《ゆごう》して漏斗状（**図2**）になっているのが特徴。花には、雄花と両性花（**図2**）とがある。第一花軸に咲く花の約八〇％は雄花、第二花軸の花はほぼ一〇〇％が両性花である。花へはヒラタアブやハナアブなどの訪花昆虫がやって来る。彼らによって花粉が運ばれ（虫媒花）、種子をつける（他家受粉、**図3**）。しかし、虫による受粉の機会がないときは、ツユクサと同じようにめしべの先端がおしべのある上方へと巻き上がり、自力で受粉して（自家受粉）種子を実らせる。

マルバツユクサの茎は**図4**に見られるように三種、背地性茎（地上を斜め上方に立ち上がる）、横地性茎（根元から地面を這う）、向地性茎（地下にのびる）があり、それぞれに花をつける（Kaul *et al.* 2002）。背地性茎（地上茎）と横地性茎（地上匍匐茎）の花は花弁を開く（開放花）が、向地性茎（地下茎）の花は開かない（閉鎖花）。しかし、両性花はどれも発芽能力のある種子をつける（**図5**）。

地下茎を地上へ誘導すると、閉鎖花は花弁を開く。開花には、光が必要なようだ。

図2　（左）　苞（総苞片）に包まれた2型の花。雄花（矢印↓）と両性花（矢じり印▼）
図3　（右）　訪花昆虫。ハナアブの一種

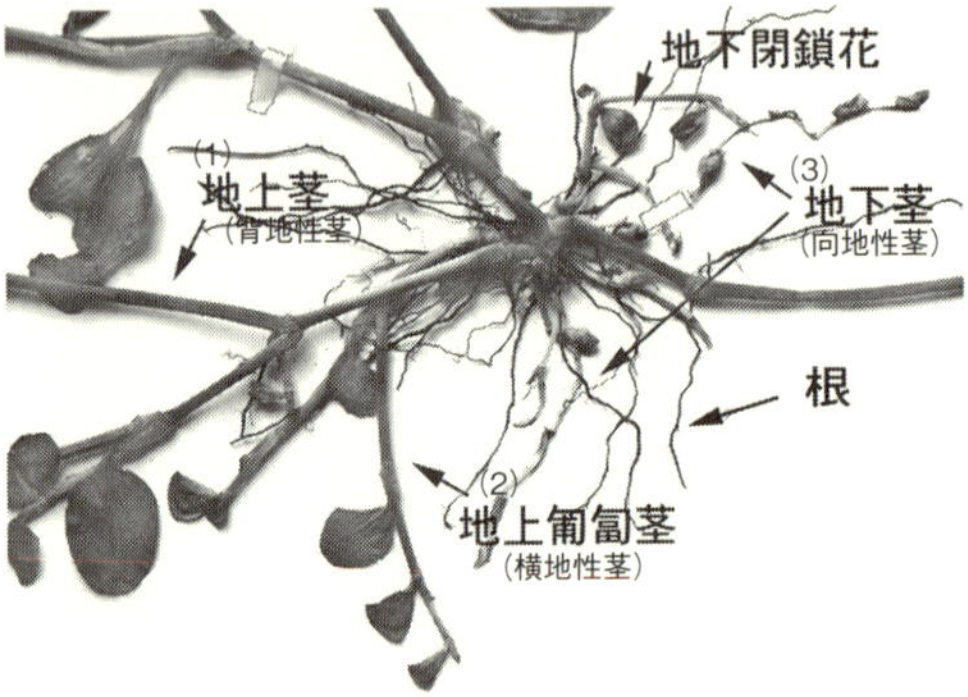

図4　茎の3型。地上茎（1)、地上匍匐茎（2)、地下茎（3）および地下閉鎖花

図5　種子。左は開放花（地上花）からのもの、右は閉鎖花（地下花）からのもの

他家受粉と自家受粉、どちらが得か？

苞のなかで花軸は二叉にわかれる。直立する花軸（第一花軸）に雄花が咲く。この雄花をたくさん見てまわると、まれに両性花のことがある。ごくまれには、花軸だけで花のないこともある。

こうした花軸の変異を進化学的に解釈すると、マルバツユクサの雄花はもともと両性花であり、花の進化の過程で第一花軸の両性花は、めしべを消失（雄花）→おしべと花弁の消失（花軸のみ残存）→花軸の消失、の道筋をたどっているのかもしれない（ツユクサ属の花には広く同様の現象が見られる）。

第一花軸へ種子をつけることをやめた余分のエネルギーを第二花軸に種子を実らせるエネルギーへと転換している、とエネルギー論的には説明できる。

地下につける花（地下閉鎖花、**図4**）へは、どこからも花粉が運ばれてこない。地上茎の花では他家受粉が可能だが、地下では完全に自家受粉で種子をつけざるをえない。マルバツユクサの繁殖戦略として、このことにどんなメリットがあるのだろう。

生存競争の激しい野草では、環境への適応に有利な遺伝子を一つでも多くもった個体が、生き残るチャンスは高い。他家受粉は、他株からの異質の遺伝子を子孫へ導入できる。遺伝的多様性を高めるためには、すぐれた生殖の方法だ。

一方、今の環境にもっとも適した生き方をしているのが、現存の植物たちであろう。現在の遺伝子をそのまま子孫に伝えたほうが、近未来的な子孫の生存にとっては有利なことが多いはずだ。ツンドラ地帯の草本類に栄養繁殖で子孫を残す種が多いのは、親のもつ適応遺伝子をそのまま子孫へ受け渡すことができるからだとする意見もある。マルバツユクサは、閉鎖花の自家受粉で種子を実らせることで、親の遺伝子をそっくり子孫（種子）へ伝えることができる。さらにまた、茎からの発根による無性的な繁殖（栄養繁殖）も可能だ。

他家受粉と自家受粉の二系統の種子形成と栄養繁殖の手段を備えることは、水環境の不安定なアフリカのサバンナ地方を故郷とするマルバツユクサにとっては、絶妙な自然への適応の仕方といえよう。

サバンナでは、雨季と乾季が交互に訪れるサイクルで一年が流れる。この両者が狂いもなく規則的、定期的に反復して訪れるという保証はない。こうした不安定な気象条件の草原、高木のまばらな林や森林といった多様な、かつ過酷な自然環境のなかにあって子孫を残し、そこで生活圏を広げていくための適応の結果が、マルバツユクサに多様な繁殖系を進化させたのであろう。

多様な繁殖系を準備して日本へやって来たマルバツユクサたちは、海浜の砂地や荒地に自生して野草的な生活をし、畑地、果樹園へ侵入して雑草的生活をすることができる。

V・カールたちの最近の研究（Kaul *et al.* 2002, 2007）では、マルバツユクサの発祥がアフリカのサバンナであることを前提にして、異なった三種の茎につける種子量と繁殖能力との関係を調査し、それぞれの機能の有用性と、両者の関連性とを実証しようとしている。繁殖系の多様性が、種分化にどう機能するかを明らかにする研究として、今後が期待される。

染色体数と核型

W・H・レビスやJ・K・モートンたちの調査によれば、アフリカでは外部形態や染色体数は変化に富み、日当たりのよいサバンナや農地、果樹園では二倍体（$2n=22$）が、湿った林内では四倍体（$2n=44$）や六倍体（$2n=66$）が花をつけるという（Lewis 1964; Lewis and Taddesse 1964; Morton 1956, 1967）。

インドでもマルバツユクサはもっとも一般的な草本の一つで、一八〇〇メートルの高地に至るまで、多様な環境に生育している。しかし、染色体数はアフリカと異なり、いずれも$2n=22$である（Alam and Sharma 1984; Ganguly 1946; Sharma 1955; Bhattacharya 1975; Kammathy and Rolla 1961; Malik 1961; Panigrahi and Kammathy 1964; Baquar and Saeed 1977）。

アフリカのマルバツユクサが染色体数に関して多様であるのに対して、インドやパキスタン、ヒマラヤ近辺では、$2n = 22$のみという対照を示す。

台湾から日本列島に分布するマルバツユクサを台北（台湾）、沖縄列島、鹿児島、宮崎、高知、千葉までの太平洋沿岸部と瀬戸内側（愛媛県）の三一調査地の四五九個体について染色体数を調べてみたところ、染色体数は$2n = 22$のみであった（**図6**：Fujishima 2007）。

マルバツユクサの核型の多様性とその特徴

標準型の核型と変異型

台湾と日本の二八調査地からの二四八個体で核型《かくがた》（染色体の形）を比較検討した。

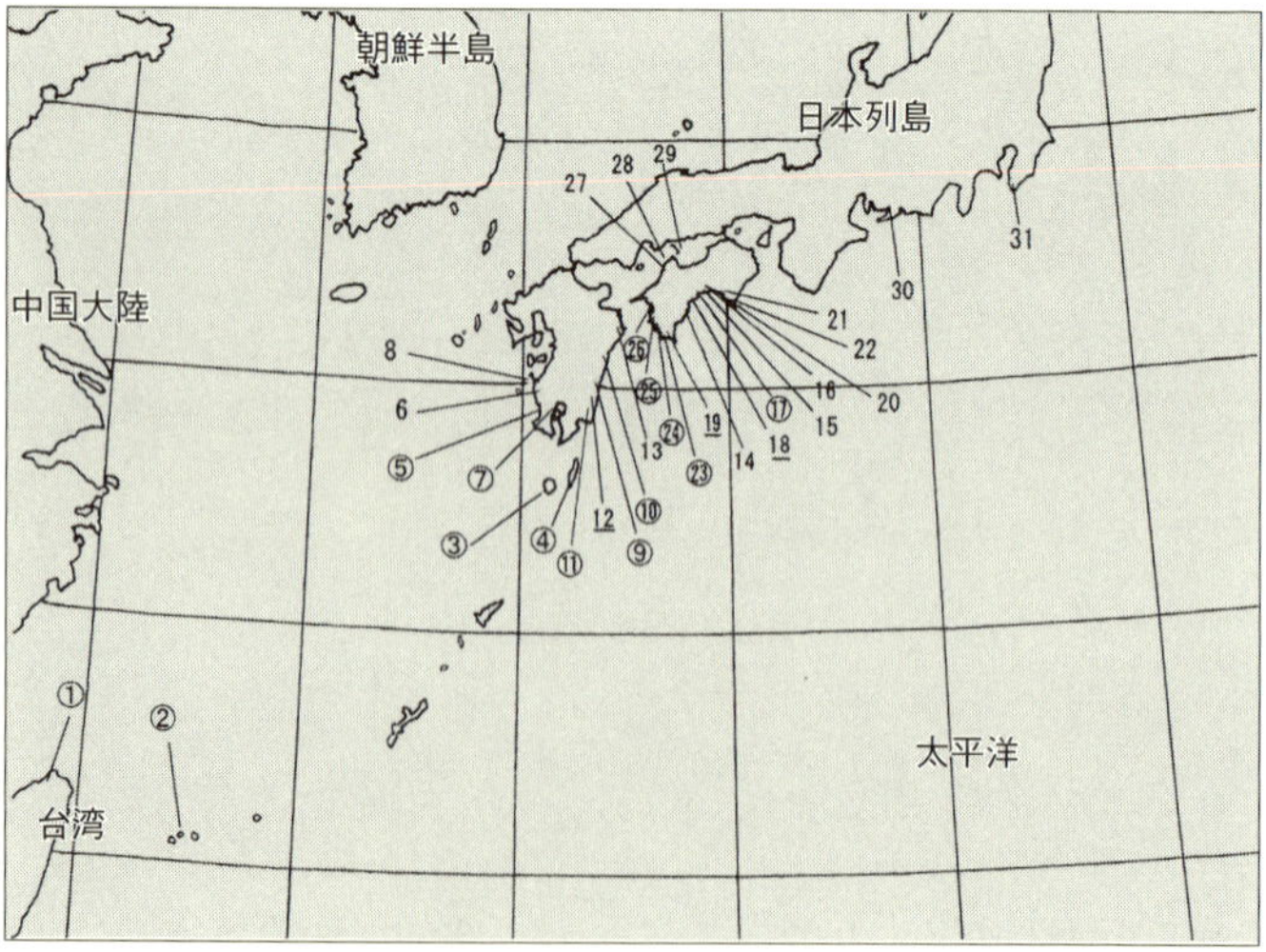

図6　マルバツユクサの採集地1〜31。丸付き数字（①〜）はT-付随体を見ない集団（Fujishima 2007から改変）

核型は多型で、どの調査地にも共通的に見られる核型（標準型）と、特定の集団でのみ見られる核型（変異型）とがあった。染色体数はインド産と同様2*n*＝22で安定しているが、台湾と日本列島のマルバツユクサの核型はインドの集団よりもはるかに変化に富んでいるようだ。

標準核型の二二個の染色体を**図7**に示した。六個の中部狭窄《きょうさく》型（m）、一二個の次中部狭窄型（sm）、四個の次端部狭窄型（st）の三染色体群に分類できる。

標準型のst-染色体（**図7**：染色体19～22）は、その短腕の端部に付随体をもつものが多い。

付随体には小型（**図7**矢じり印▼）と大型（矢印↓）の二型が見られる。四個の付随体染色体（st-染色体）は、大小の付随体の組み合わせで理論的には九種組になるが、野外でも**図7**に示すように、九種を見ることができた。標準核型は付随体染色体の組み合わ

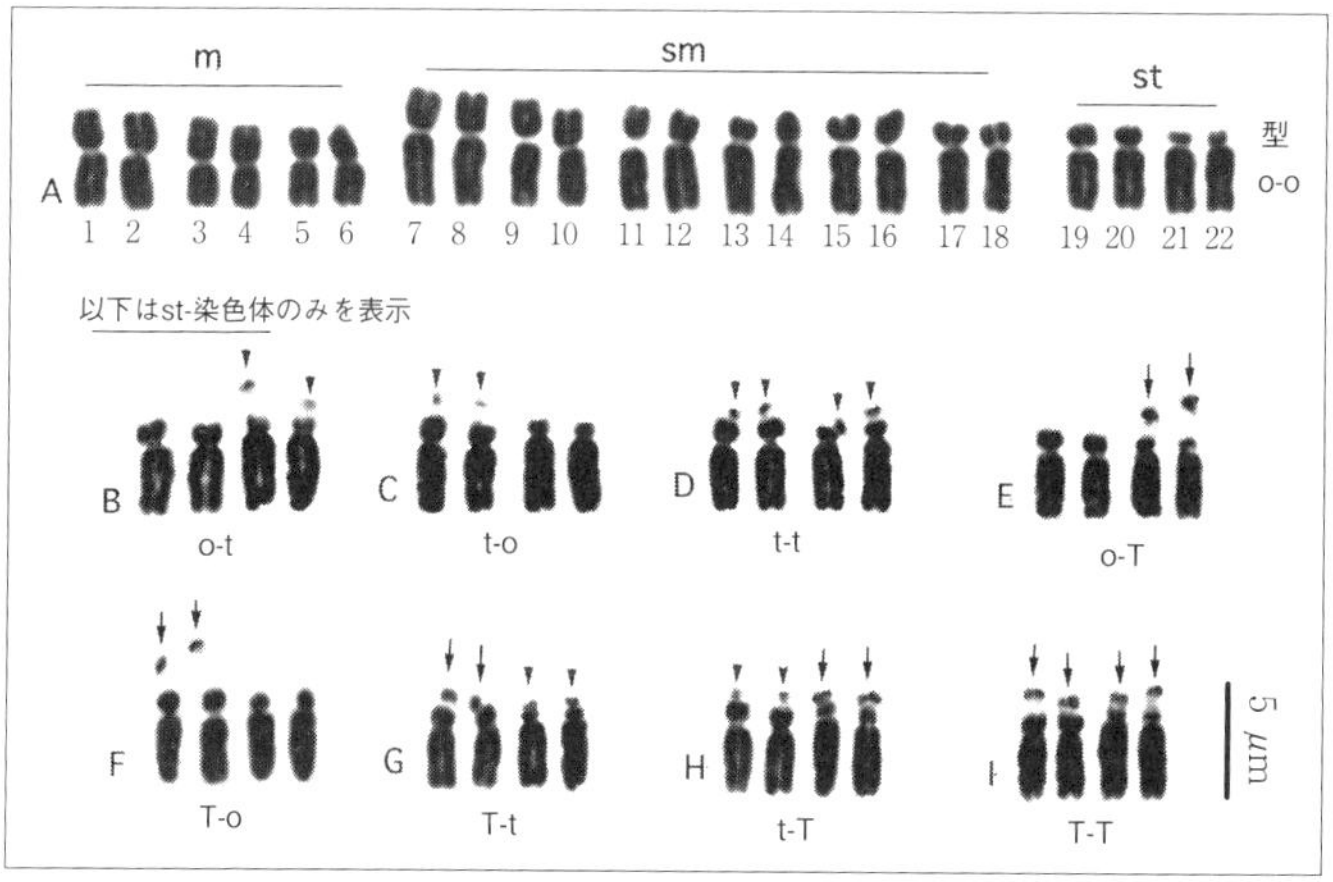

図7　標準型核型。A：2*n*＝22核型、B～I：st-染色体（4個）のみを提示。付随体Tは矢印、tは矢じり印（Fujishima 2007から改変）

せで、o–o型（**図7**A）からT–T型までの九種に細分できた。

変異型核型は、たとえば、出水《いずみ》集団（鹿児島県出水市）の二五個体では、標準核型のほかに五種の変異型核型が見られた（**図8**）。

図8Aの変異型の核型（P1 t–t型）では、標準核型にはない二個の大きなsm-染色体（下線）が見られた。以下B～Eまで、下線を引いた部分が標準型にない染色体である。

調査した二四八個体中の七〇個体（二八・二％）が変異型の核型を示し、一六種以上に及んだ（Fujishima 2007）。

核型の地理的分布

核型のどの型がどの地方に多いかといった、地理的分布の違いは今のところはっきりしない。また、大型

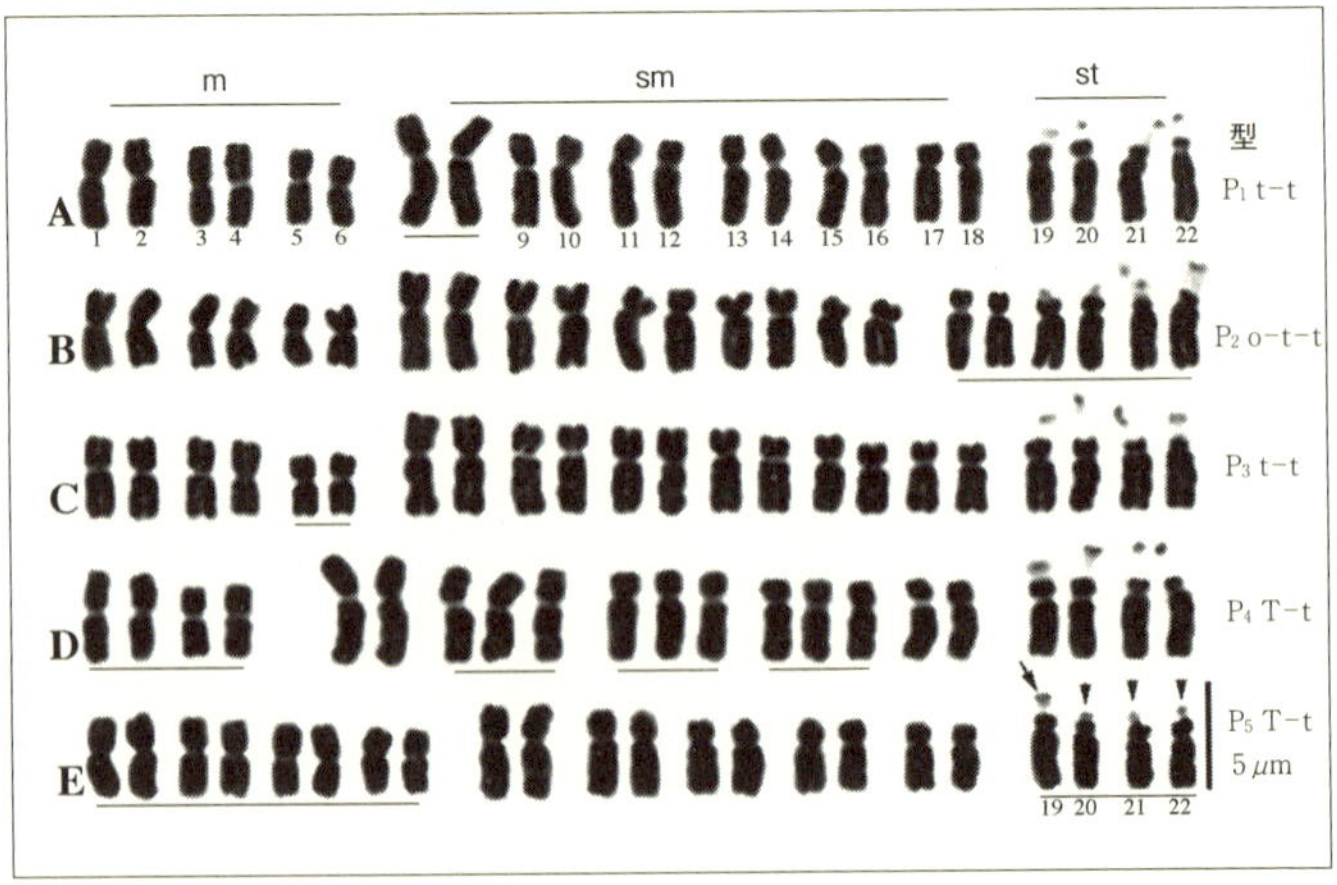

図8　変異型核型の例（鹿児島県出水産）。下線部分が標準核型と大きく異なる（Fujishima 2007 から改変）

の付随体をまったくもたない型（例：o－o、o－t、t－tなど）は台北や沖縄列島で、大型付随体をもつ型（例：t－T、o－T、T－Tなど）は日本列島の宮崎地方から北東側の太平洋沿岸地方で見られる傾向を示した。しかし、愛媛県の西端にある宇和島や津島の集団など例外もあるので、これも分布傾向がはっきりしない。

二〇〇六年九月に日本海側の鳥取市でマルバツユクサが見つかった。三年後も同じ場所で、個体数を殖《ふ》やしていた。鳥取の冬に耐えて、定着したようだ。染色体数は$2n=22$、核型は変異型であった。インド産と日本産マルバツユクサは染色体数が$2n=22$で共通しているが、核型は共通性に乏しい。アフリカから東進したマルバツユクサは、新しい核型を次々と派生しながら新天地へと分布を広げていこうとしているのかもしれない。

右に見たように、日本のマルバツユクサの核型は変異に富んでいた。しかし、植物の外部形態と核型変異が直接的に結びつくような事例が、今のところ見つからない。

外部形態と核型変異とが直接的に結びつかない事実は、水田雑草のキツネノボタン核型変異によく似ている（第1章参照）。また、田や畑のあぜに生えるスイバの核型変異にもこの傾向が見える。

外国産マルバツユクサの核型

すでに述べたように、アフリカのマルバツユクサの染色体数は二倍体（$2n=22$）から六倍体（$2n=$

66）まで変異的である。しかし、核型に関する詳細な報告は今のところ見当たらない。今後の課題である。

A・K・シャーマはインドのマルバツユクサに一つの核型を（Sharma 1955）、B・バタチャリアは五つの核型を報告している（Bhattacharya 1975）。それらは台湾や日本産マルバツユクサの核型とは大きく異なっている。だが、調べた個体数が少ないので、実態はよくわからない。

北アメリカで帰化したマルバツユクサは、倍数体と倍数異数体であるといわれるが（Faden 2007）、核型の報告はなく、これも実態は不明である。

核型変異と減数分裂、そして種分化との関係は？

核型は多様だが、減数分裂は正常

日本のマルバツユクサの核型は多様であった。こうした染色体の形態的変化は、染色体の一部が切断で失われ（欠失）、その断片がほかの染色体にくっついたり（転座）、二つの染色体が切断面で互いにくっついたり（融合）といった現象で生じる。

染色体の構造的変化（遺伝子変化もふくむ）が染色体間に起こると、変化した個体の減数分裂は、ふつうは正常でなくなる。その結果、種子も正常には実らない。そのような異常をもった個体は生存競争で不利になり、マツヨイグサやムラサキオモトなどの例外もあるが、通常、自然界では生き残れない。

マルバツユクサの減数分裂を標準型と変異型で調べてみた。減数分裂での染色体行動はどちらも規則的であるし、減数分裂後にできる種子や花粉も九〇％以上が正常だ（図9）。染色体の形（核型）に変化があっても減数分裂は規則的だということに、どういう意味があるのだろう。こうしたことは、スイバの減数分裂でも見られるのであるが（次節参照）、両者は同じ生物現象と見なしてよいのだろうか。

スイバでの事例、核型の多様性

核型は変異的だが減数分裂は正常だという研究報告が、スイバ（*Rumex acetosa* L.）でなされている（Kuroki 1976）。

スイバは、日本では田畑のあぜや土手、路傍などにふつ

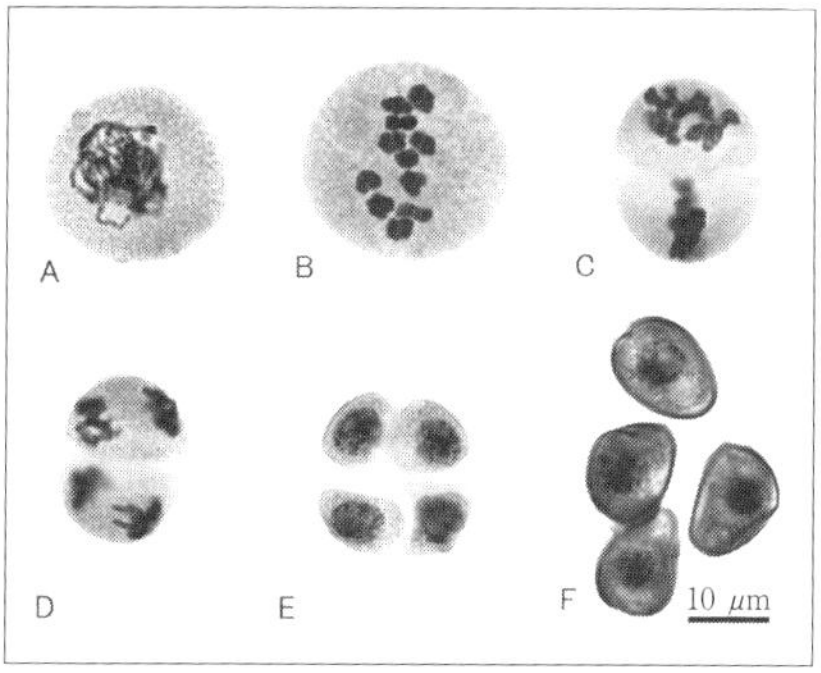

図9　マルバツユクサ減数分裂各期の染色体。いずれも正常。A：前期　B：第一中期　C：第二中期　D：第二後期　E：四分子細胞　F：若い花粉細胞

うに見られる多年生のタデ科の植物だ（**図10**）。世界ではじめて、高等植物から性染色体が見つかったことでもよく知られている（**図11**：藤島原図、Kihara and Ono 1923、小野 一九五〇、一九六三）。

黒木酉三は、北海道から九州までの一四一集団から八七七株のスイバを集め、その核型の一つひとつを調べている。核型は個体ごとに違っている、といってもいいほど変化に富んだものであった（**図12**）。そして、一部の核型についての観察でしかないがとしながら、スイバの減数分裂は核型に関せず正常であったという。

私も、スイバの雌株と雄株について、核型を異にする若干の株の減数分裂を追試的に観察してみたが、いずれも、正常であった（**図13**：藤島 一九八〇）。

スイバの核型は変化に富んでいるが減数分裂は安定していることについて、スイバが種分化の初期的段階にあるからではないかと、黒木は提案している

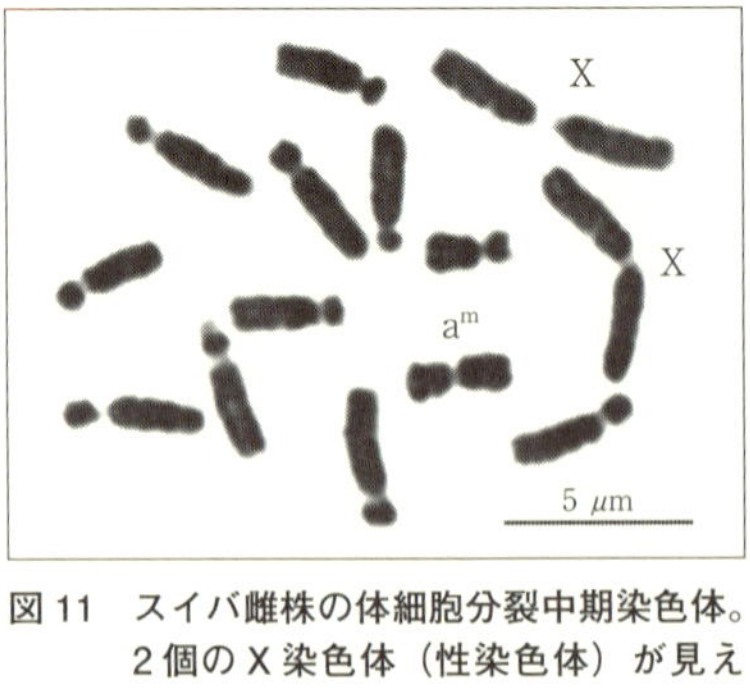

図 11　スイバ雌株の体細胞分裂中期染色体。2 個の X 染色体（性染色体）が見える。a^m は図 12 参照

図 10　水田のあぜのスイバ。雌株

(Kuroki 1976)。

M・キングは、動植物の種分化様式を総括した総説のなかで、種分化の初期的段階の一つとして、新しい核型は母種から分別可能だが(染色体種、細胞種として認識される)、外部形態は母種との間での識別が困難な段階がある、と述べている(King 1993)。

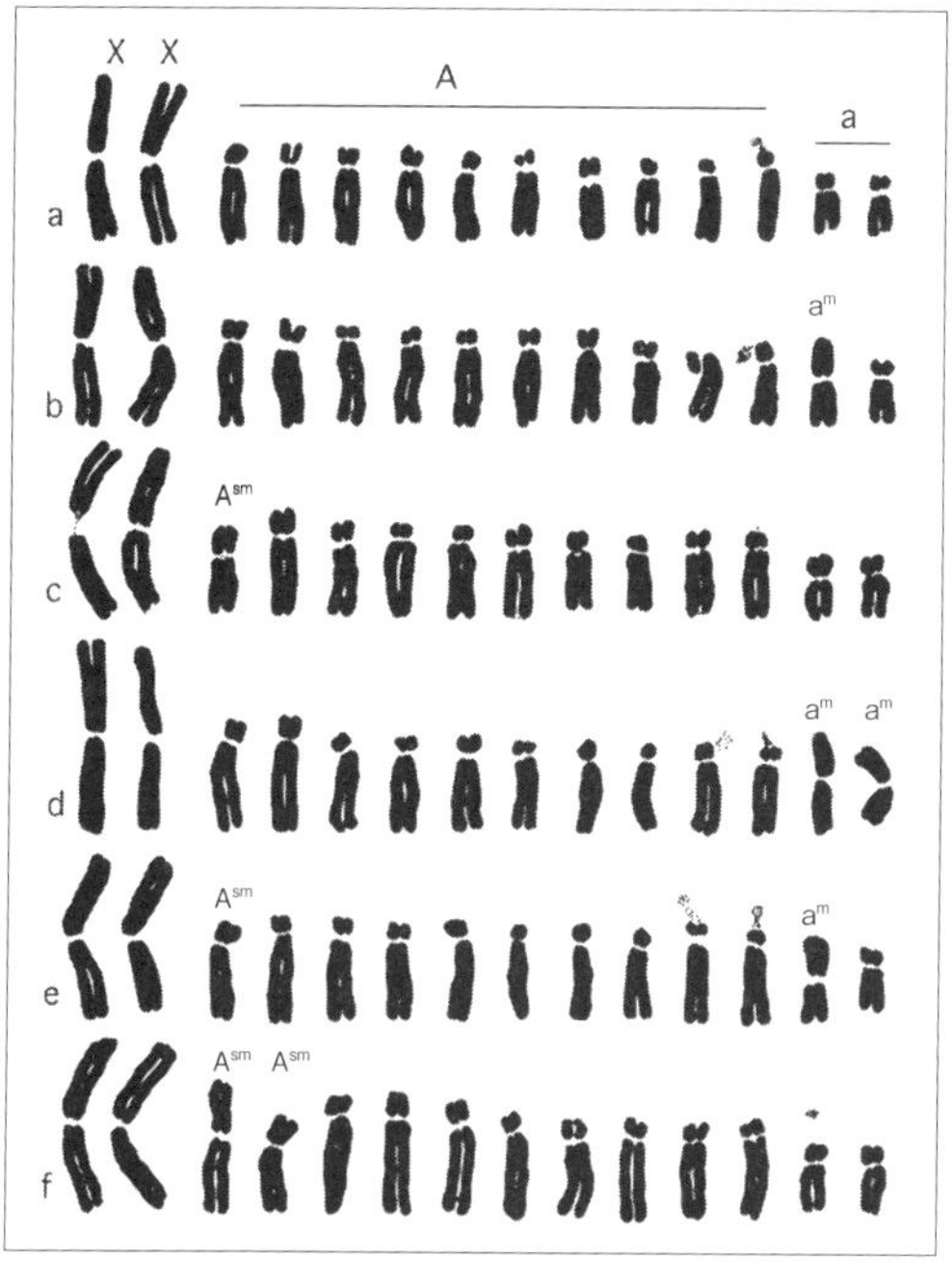

図12　鳥取県三朝集団のスイバ雌株(2*n*=12A+XX)の、さまざまな核型。X:性染色体　A:大型の常染色体　a:小型の常染色体　m:中部狭窄型染色体　sm:次中部狭窄型染色体。Aとaの組み合わせが株ごとに異なる(Kuroki 1976から引用)

日本のマルバツユクサは、核型は多様であるが減数分裂は安定していることでスイバに似ており、また外部形態は個体間で大きな変異が見られない点で、キングの提案（King 1993）に一致している。この二側面から判断して、日本のマルバツユクサは種分化の初期的な段階にあるといえるかもしれない。

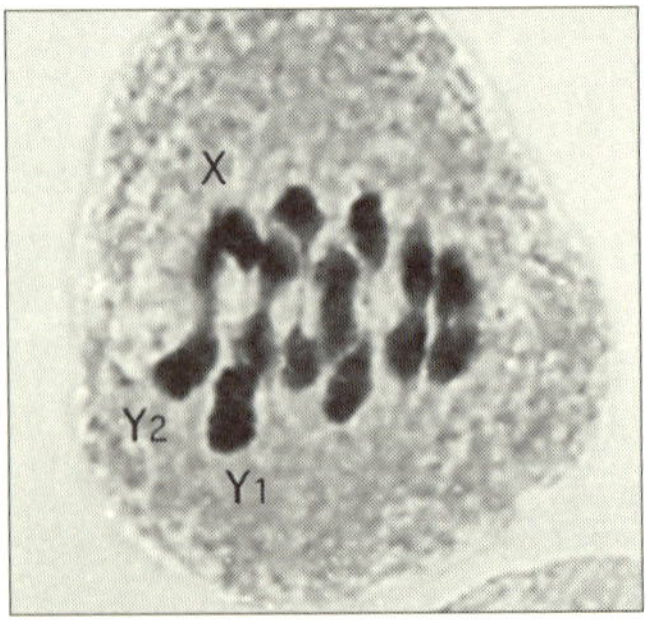

図13　スイバ雄株（$2n=12A+XY_1Y_2$）の減数分裂中期染色体。X染色体（1個）とY染色体（2個）が接合している

マルバツユクサの地理的分布圏拡大の戦略

遺伝学的戦略

マルバツユクサの二倍体種（$2n=22$）は、アフリカからパキスタン、インドを経て日本列島にまでも汎世界的に分布している。

遺伝学的な立場で見れば、アフリカから東に広がるマルバツユクサは $2n=22$（二倍体）という染色体数を堅持しながら、その内部にさまざまな核型（染色体種）を分化させ、新たな自然環境に適応して分布圏を広げていっている。

インド産マルバツユクサ（2n＝22）と日本産マルバツユクサ（2n＝22）とでは、それぞれに相異なる核型を分化させている。インド産と日本産との間の核型の相違は、両国の自然環境の相違からくる自然選択圧の違いからだと教科書的な説明は可能なのだが、本当かどうかは検証が必要だ。

日本のマルバツユクサは海岸近くの畑地をおもな生育地とし、人によってつねに撹乱される不安定な環境に生きている。このような生態的弱者である植物にとって、遺伝的な多様性（たとえば、核型の多様性）こそが将来の生き残りをかける大切な要素（武器）の一つになる。またこのことが、新しい生育地へと分布圏を広げていける活力の一つにもなっているのだろう。

アフリカのマルバツユクサには、二倍体（2n＝22）のほかに四倍体（2n＝44）や六倍体（2n＝66）、さらにはそれらの異数体（2n＝28、56）が報告されている（Lewis 1964; Lewis and Taddesse 1964; Morton, 1956, 1967）。その分布地域は、すでに述べたように、サバンナ（草原）から疎林、森林、高地の傾斜草原と多岐に及ぶ。アフリカからの核型報告がほとんどないのではっきりしたことは言えないが、サバンナの草原地帯に二倍体が、森林や高地草原地帯に倍数体が分布するという事実は、地域環境の多様性に即して染色体数を多様化（倍数化と異数化）させ、結果的に種内に遺伝的多様性を蓄積しているのであろう。

生殖方法の多様性

マルバツユクサの生殖系の多様さの重要性に最初に気づいたのは、インドのV・カールとその共同研究者たちだ（Kaul *et al.* 2002）。

マルバツユクサの花には、開放雄花（地上茎に開花）と開放両性花（地上茎）、閉鎖両性花（地上匍匐《ほふく》茎と地下茎）の三種がある（**図2**）。地上の茎には、地面から斜上する地上茎、地面を匍匐する匍匐茎、そして地下には地下茎が分化している（**図4**）。また、地上花は昆虫などによる他家受粉のほかに自家受粉の能力も併せもつ（**図3**）。

こうした、種子形成過程の多様さが、彼らの生き残り戦略（繁殖努力）にどう関わっているのかをカールたちはインド産マルバツユクサの背地性茎（地上茎）、横地性茎（匍匐茎）、地下茎の種子生産量を手がかりにして検証しつつある。

マルバツユクサの早熟性

一個体のマルバツユクサの花の八〇％は地上茎に咲く。開放両性花は他家受粉で種子を形成するが自家受粉も可能だ。閉鎖花は自家受粉を専らとする。こうした受粉系の複雑さに加えて、地上茎では本葉を二～五枚展開した成長段階で、すでに花をつける早熟性を示す（**図14**）。

アフリカのサバンナでは、乾季と雨季が交互にやって来る。草本たちは雨季に葉を広げ、花を開き実をつけ、乾季を種子で乗りきる。雨季と乾季はつねに定期的に規則正しく繰り返されるとは限らない。時には、予期しない時期に乾季が始まることもある。早期に襲来するかもしれない乾季を無事に乗りきり、次世代に確実に遺伝子を引き継ぐためには、雨季にできるだけすみやかに種子を形成し、次世代を産生することだ。一日でも早く種子をつけたほうが、自己の遺伝子を残すチャンスは高い。マルバツユクサが、本葉二~五枚で背地性茎に花序を形成するのは、サバンナでの生き残り戦略の一つだとカールたちは推察している。

サバンナで獲得したという早熟性は、日本のマルバツユクサにも受け継がれている（**図14**）。

マルバツユクサの地理的分布拡大の最先端の一つ、日本列島へやって来たマルバツユクサは$2n=22$を堅持しつつ、ひそかにさまざまな核型を分化し、蓄積しつづけていた。

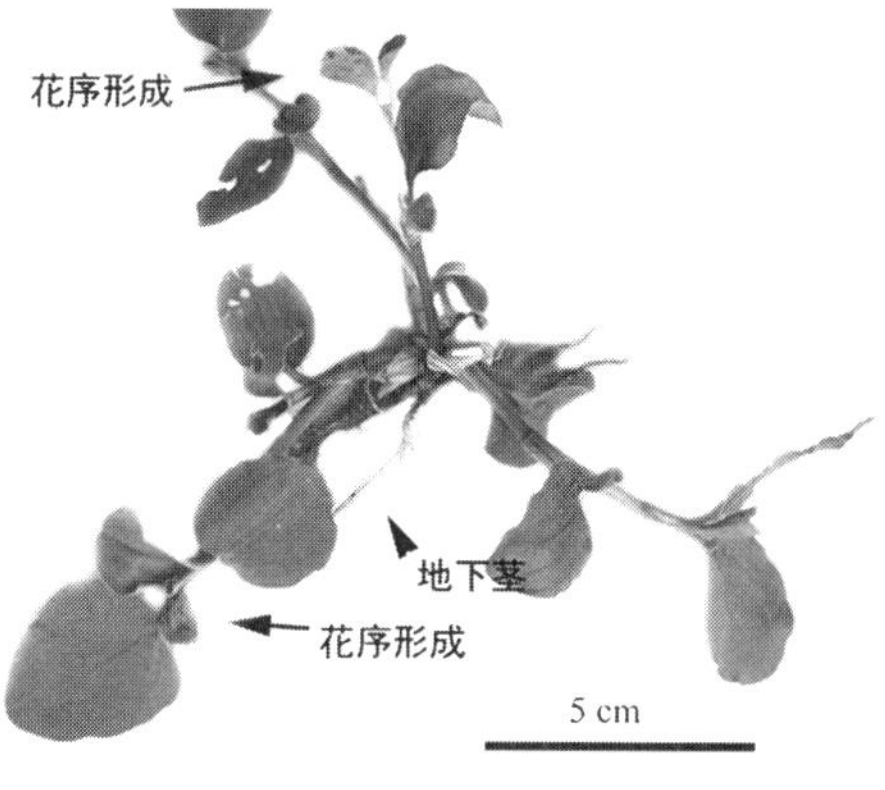

図14　本葉2～3枚で花序を形成したマルバツユクサ（早熟性）

それはあたかも、次の爆発的躍進（跳躍進化）を準備しているかのようだ。

異質なものの集積が、次の躍進の大きな原動力になることは、多くの動植物の種分化で提案されてきている（例：岸由二ほか 一九九一、King 1993; Levin 2002）。

第6章

圃場整備で田んぼの生き物が変わった

日本の田んぼは多様な生き物の宝庫

これまでの章で見てきたように、植物を外部形態のみで判断すると、ツユクサはツユクサ一種、キツネノボタンはキツネノボタン一種と単純明快にまとめることができる。しかし、染色体の形態（核《かく》型《がた》）の視点から、雑草の種内構造を解析してみると、彼らは類似した外部形態をもつ個体の単なる集合体ではない。植物の外部形態によって、一つの種と判断されるキツネノボタンも、実は核型を異にする個体群（サイトタイプ）の集合体（複合体）であることが明らかになった。

自然界にあっては、雑草や栽培植物の生態学的地位はもっとも低い。人が定期的に撹乱する土俵上でなければ生きていけない。雑草たちは栽培植物と同じ一つの土俵で、栽培植物と、また雑草たち同士で互いに競合しながら、人による耕地の定期的攪乱をたくみに利用して生きてきた。このことは、田畑を人が耕作放棄すれば、これまで維持されてきた雑草植生は二、三年という短期間で変化してしまうことを意味する。事実、そうした事例が休耕地でふつうに観察できる。

日本の地形はじつに変化に富み、多種多様な景観を醸し出す。日本の山々が多彩な外観を示し、人工林は別として、山地植生が多様であるのは、日本の山地の地質の多様さに起因するところが大きい（小泉 二〇〇九）。河川によって山地が浸食されて生み出される下流域の台地や沖積平野の形態もまた必ずしも一様ではない。田んぼや畑の存在基盤になる地形や地質の多様性が、日本各地の気候風土や生活様式の多様性と相まって地域固有の多彩な野菜やイネの品種が生み出され、栽培されていた（青葉 一九八一、佐藤 一九九九）。

雑草たちも、外部形態の多様さに加え、なかには地方固有の細胞種（染色体種）を生み出していた。雑草たちの染色体構造を調べていくと、彼らは田畑にあって森や人里の植物群と独立的に存在するのではなく、地域の自然の生態系のなかで個々の存在を主張し、地域自然の歴史性のなかで種分化を果たしていることも明らかになった。

四季のはっきりした日本の多様な自然環境のなかにあって、水田農業が田んぼという環境を維持しつづけられたのは、年々歳々に定期的に反復される農作業による田んぼの撹乱、里山から供給される落ち葉や堆肥の補給、里山からの谷川水もふくめた豊かな河川水が演出する水環境の結果によるものが大きかった。人と自然のたゆまぬ反復と連続性によって、日本の雑草は栽培植物と競合しながら耕地に根づき、田んぼの生物多様性の維持に一役かっていた。山（森）と川と田んぼが有機的な連鎖関係を保持して、地域自然のなかで安定的な生態系をつくり上げていたといえる。

水空間を一つの例にして、地域自然の生態系を構成する諸要素の連鎖性を見てみよう。

図1上は圃場《ほじょう》整備前の田んぼの水系をイラスト化したものである。

奥山に水源をもつ河川（主流）は、里山に水源をもつ多くの支流（小川）を合流させながら海へと下流す

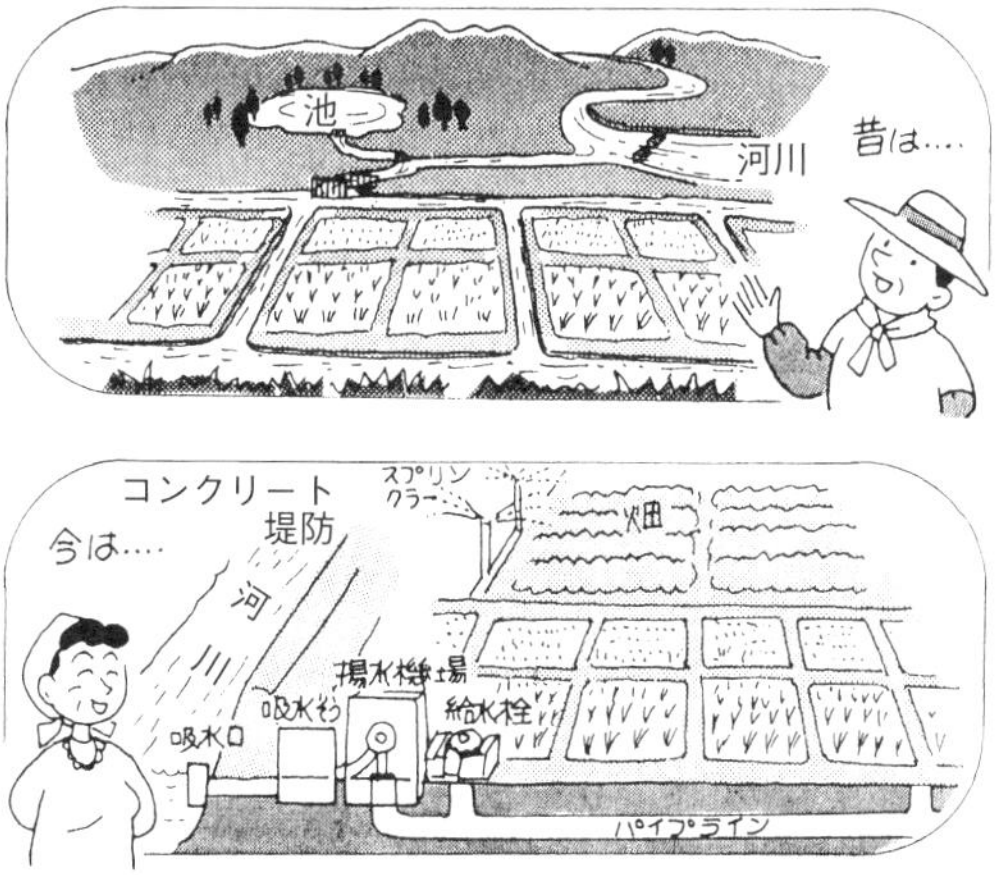

図1　圃場整備前（上）と後（下）の田んぼの水系（荒井1994から改変）

る。田んぼを貫流する小川の一つは池からの水路も包みこみながら、土地の自然の傾斜を利用したゆるやかな流れで田んぼへの水路を次々に分岐させ、小川の水を田んぼへと注いだ（**図2**）。小川から分岐した流水は、この間に太陽熱で暖められる。温かい水はイネの根張りをよくし、健康なイネを育てることに一役かった。

ここでは、奥山と里山―河川と流域―池と小川―水路と田んぼが、連続した水の流れを介して一つの系（生態系）にまとまっていることに注目してほしい。生態系の分断がどこにも見られない。多様な地域の生態系の構成要素の一つとして山や河川が、小川が、水路が、そして田んぼがそれぞれの役割を連鎖的・有機的

図2　圃場整備をする前の小川（上）と水路（下）

に機能させ、互いに互いを補佐し合っていた。そうした連携のなかで、それぞれの場に固有で多様な生き物を内包し、全体として一つのまとまり（生態系）を形成していた。

たとえば、遊泳力の強いコイやフナは河川や小川を生活域にした。しかし、産卵期には水路、時には田んぼにまで入りこんで産卵をする。タナゴは流速の速い河川では生活できない。田んぼの止水域（水路など水がゆっくりと流れる水域）で生活するが、産卵期には水の張られた田んぼに入りこんでくる。メダカは水路が生活の場であり、繁殖の場でもあるが、時には田んぼのなかにまで生活圏を広げることもある。

図3　整備前の田んぼの生き物。①ミソハギ　②オオイヌタデ　③スズメノテッポウ（水田型）　④ガンガレイ　⑤アマサギ

海から河川を経て小川まで上ってくるものもいた。ウナギやヤツメウナギ、かつてはアユも遡上してきた。海で生まれたモクズガニは小川や水路の石垣の隙間で成長し、秋には海へと下った。こうした小動物たちの生活を支えたのが、それぞれの流路に生活する植物たちだ。さまざまな種類の植物が河川や小川の側壁、水路やあぜに生えることで（**図3**）、多種多様な水生や陸生の小動物たちの食草となり隠れがとなり、産卵場所となり、多くの命を支えることができた。

図2に示す水路の側壁を五〇メートル調査したところ、キツネノボタン、ツユクサ、ミゾソバ、ギシギシ、セリ、ジュズダマなど一二〇種を超える草本が生えていた。同じくあぜには、タカサブロウ、アメリカタカサブロウ、メヒシバ、エノキグサ、アメリカセンダングサ、ヨメナ、オオユウガギク、イボクサ、ミゾカクシ、ノチドメなど八〇種を超えた。稲刈りを終えた後の耕地には、スズメノテッポ

図4　絶滅危惧種の雑草。①ミズワラビ　②ミズオオバコ　③アブノメ　④ミズマツバ

ウ（水田型）、カズノコグサ、タガラシ、タネツケバナなどが芽生えて、春の準備に余念がない。一九七〇年代には、アブノメ、ミズワラビ、ミズオオバコ、ミズマツバなど、今では絶滅危惧種（環境省）にリストアップされているような希少植物もふつうに見ることができた（**図4**）。

こうした田んぼでは、秋がかなり深まってきても、イネの切り株のかげにトノサマガエルやツチガエルの活動が見られた。スズメの大群がやって来て落ち穂や草の実をあさり（**図5**）、近くの河川からはカルガモの群れが飛来した。田んぼのなかやその周辺で豊かな生のドラマを見ることができた。地域の自然全体が、生き物たちの動きで生き生きしていた。

圃場整備事業

農業の近代化という名目で、一九六三（昭和三八）年に制度

図5　スズメの群れ。田んぼでヒエや草の実を拾っている。1970年頃までは、この倍以上の数が群れた

化された圃場整備事業が全国規模で遂行されてきた。事業遂行のための法整備「土地改良法」(昭和二四年六月公布)、続いて「土地改良法等の一部改正」(昭和六一年三月三一日)が制定・施行された。

土地改良法第一条二項には、「環境との調和に配慮しつつ、国土資源の総合的な開発及び保全に資する」とある。しかし大型機械を投入した圃場整備工事が始まると、田んぼの水空間や生物空間は一変した(**図6**)。

大型機械で掘削し、耕土を剥ぎ取り、時には客土をする。農地に暗渠や明渠(**図6**下、矢印)が敷設され、耕土が埋めもどされて圃場整備は完了する。この一連の工事で、田んぼの環境は一変する。小川からの水路がなくなり(**図6**中、矢印)、小川に吸水口と排水口が設けられる(**図7**)。このことで田んぼは河川や小川から分断・隔離された存在になる。田んぼと小川をつなぐものはパイプライン(暗渠)または明渠のみとなる(**図1**下)。生態系の分断であり、崩壊である。

図6　圃場整備の現場

　これまでの田んぼ（**図8上**）では、あぜも水路側壁も多様な生き方の多種の雑草で覆われていた。これらの雑草を食草にして、多くの小動物が生きてきた。トビイロウンカ、ヨコバエなどイネの害虫もいたが、彼らを捕食する、テントウムシ、トンボ、アマガエルなどの虫や小動物たちもいた。そこには、しっかりした食物連鎖が成立していた。

　圃場整備後に設置された暗渠は、これまで水路に生きた植物を受けつけない。コンクリートでU字型に固められた明渠も給排水機能のみを残し、植物は消滅した（**図8中**）。耕地には除草剤が撒かれ、雑草の姿はほとんど見ら

図7　小川の給水口（上：矢印）と排水口（下）

図8　田んぼの変遷。上：整備前の田んぼ　中：明渠配水の田んぼ　下：コンクリートのあぜで囲まれた田んぼ

れない。二〇〇九年一〇月にある地方の水田で調査したところ、アメリカタカサブロウ、ホナガイヌビユ、アメリカミズキンバイなどの帰化植物数種のみが見られた（**図9**）。

水や植物のない環境では、小動物は生きられない。さらに農道が舗装され、田んぼのあぜまでもコンクリート化されると、圃場整備後はコンクリート壁に囲まれてイネのみが育つという極端に単調化・画一化された田んぼが出現することになる（**図8下**）。

田んぼは地域の自然から隔絶され、雑草や小動物たちも少数の限定されたもののみになる。栽培されるイネの品種も市場価値が優占されて選択されるから、当然のことながら限定された少数品種のみとなり、地域の山地や里山の生態系から隔絶された脆弱な生物空間が圃場整備の田んぼに成立する。こうし

図9　在来種に酷似した帰化種。①タカサブロウ（在来種）　②タカサブロウ（帰化種）　③ホナガイヌビユ（帰化種：在来のイヌビユに似る）

た多様性を失った田んぼで、予期しないイネの病虫害が発生すれば、救援は農薬に頼らざるをえない。農薬づけ、化学肥料づけの新近代化稲作農業が始まることになる。一九六〇年代には、殺虫剤ホリドール散布で多くの農民が薬害を受け、事故死・自殺者までもが出た。

生態系のバランスを失った田んぼでは、農薬によるコントロールが万能ではないことの兆しが、すでに見えはじめている。

図10は、刈り入れ前の稲田に繁茂した雑草のイヌビエだ。

二〇〇八年までは、除草剤を散布することで、イヌビエの発生を抑えることができた。翌年も、例年通りに除草剤を散布した。これで、イヌビエを抑えこむことができると思われた。ところが、イヌビエは枯れる気配を見せない。それどころか、ぐんぐんと生長して、**図10**のように稲穂を覆ってしまい、イヌビエの発生の多い田んぼでは、イヌビエの下でイネが倒伏してしまった。こうなると、コンバイン（自動稲刈機）は機能せず、手作業で一株一株イネを刈り、手作業でヒエを分別するしかない。

図10　イヌビエで覆われたイネ。イヌビエには除草剤が効かない

圃場整備で田んぼの生態系を単調にし、除草剤や殺虫剤散布をしつづけた今、除草剤の効かない雑草が田んぼに蔓延しはじめている。ここで述べたイヌビエ、そしてアギナシ（**図11**）がその例である。イヌビエは光を奪い、アギナシはイネの肥料を奪う。今のところ、一本一本を手作業で除草するしか方法はない。

圃場整備で田んぼの水環境を過度に合理化すると、田んぼの植生はイネの害虫も、同時に益虫も育たないほどに単調化する。動物の食物

図11　アギナシが田んぼ一面に。除草剤が効かない

column

キツネノボタンが見つからない

一九七七（昭和五二）年七月、キツネノボタンの採集のために、米沢―山形―富山―弘前を歩いた。

米沢では植物の観察が趣味だという高校教師ほか数人が、山形では博物館学芸員がキツネノボタンが生えているという現地を数カ所、自家用車で案内してくれた。

「最近は田んぼを歩いても、簡単にはキツネノボタンが見つからなくなった」と言われた。どこの田んぼでも見られた雑草だったはずなのだが。

弘前でも、米沢や山形に似た現象が見られた。平地の田んぼをいくら探しても、キツネノボタン

が見つからない。この地方の植物にくわしいという何人かに電話を入れた。いずれも、田んぼの雑草を意識して調べたことはないという返事がかえってきた。

弘前でも、米沢や山形と同様に、小川と田んぼの耕地面との落差が大きいことに気づいた。こうした場所ではキツネノボタンが見つかったためしがない。

ここでは採集できないだろうなあと、疲れた足で灯りがともりはじめた国鉄弘前駅（現在のＪＲ弘前駅）へたどり着いた。今日の宿を探すためだ。駅の案内所では「今日はすべて満室だ」と言われた。民宿が多いという辺りを少し歩いて、自分で探してみることにした。

ある民宿の玄関で、「もう、夕食はできないが、それでよければ」と言いつつ、「家族が食べるものと同じでよければ」と言ってくれた。

翌朝早く、「こんな草を探しているのですが、昨日は見つからなくて……」と、中年の女将《おかみ》にたずねるともなく言った。

「うちの主人なら知っているかも」と言う。

「それなら、うちの田んぼの近くで見たことがある」

「軽トラに乗れ」と言うので、助手席に乗った。三〇分ばかり走って、小高い丘の麓にある田んぼに着いた。

「これだ」というのを見た。キツネノボタンではなくて、セリが水路に生えていた。

セリが生えるところなら、キツネノボタンも必ずある。しばらく探して、やっと見つかった。

宿へ帰り着いたときは、もう昼近くになっていた。

「ガソリン代くらいはとってください」と言うと、「そんなことすると、うちのは本気で怒るよ」と女将は言う。夕食代もいらないと言った。

山形や米沢、弘前の人々の、あたたかい心に助けられて、四国への帰途についた。

連鎖までも破壊した環境下では、農薬と化学肥料を使いつづけなくてはならない。除草剤の効かない雑草の出現は、田んぼの生物多様性を拒絶した圃場整備後の稲作農業に顕在化した一つの病理現象にすぎない。

田んぼの多様性の保全と復元

「圃場整備事業」のキャッチフレーズは何であれ、事業目的は、田んぼの区画整備と乾田化（汎用化）にある。田んぼの「区画整備」と「乾田化」事業によって、在来の田んぼがもっていた生物多様性はほぼ完全に失われたと見てよい。

地域によっては農民の自己努力で、田んぼの「生物多様性」を守る姿を見ることができる（**図12**）。田んぼに土あぜを残し、稲刈り後には再度、田んぼに給水して耕土の乾燥化を防いでいる。これで土壌の肥料分（窒素成分）の空中への散逸が抑えられると

図12　稲刈り後に水を張った田んぼ

ともに、畑地雑草の侵入を防ぐことが可能になる。一方で、湿地性植物が保全され、タニシやカエルたちの命も守られる。

残念ながらわれわれは、自然破壊の技術は十分にもちあわせているが、自然（生態系）を復元する技術のもちあわせはない。試行錯誤の段階だ。破壊技術を保全や復元に転用しているだけである。だからこそ、圃場整備事業は遠い未来の日本の農業の歴史的展望と人と自然の調和という文明社会の重要課題にも相当の見通しと見識をもって着手した事業であった、と信じたい。

圃場整備後に見られる耕作放棄乾田では、道路の法面《のりめん》などの荒地にふつうに目にするセイタカアワダチソウやオナモミ、メリケンカルガヤなどの帰化植物が侵入する

図13　セイタカアワダチソウ（帰化種）の茂る休耕田（上）と路傍（下）。群落の優占種が両者共通することに注目

（図13上）。やがてオオヤシャブシやアカメガシワ、アキグミなどのパイオニア的灌木（荒地へ最初に入ってくる低木類）が侵入してくると、田んぼへの復帰は個人的な努力ではほぼ不可能になってくる。乾田化後の放棄田に見られる植生遷移は、道路わきの荒地に見られる植生遷移に類似する。そうした植生の遷移に出現する植物たちは、旧来の田んぼでは見ることのなかった植物たちがほとんどである。

田んぼはイネのほかに子どもも育てた

水の有効利用や田んぼの汎用農地化という実利的視点からは、田んぼの歴史性や命への畏敬の念は影を潜める。生き物にあふれた水路や小川は、遊びを通して子どもの生き物への感性を培ってきた。目には見えないけれども、田んぼが果たしてきたこの機能は計り知れないほどに重いものであったと思う。

小川に入りメダカをすくい、フナの群れを手網に追いこみ、「地獄」を使ってウナギを捕まえた。「地獄」とは、ウナギが入ると出ることができない仕掛けをつけた竹筒だ。時には、田んぼの小道を駆けてトンボを捕まえた。体で覚えた生き物たちへの感性は、齢を重ねても衰えることはない。オニヤンマを川面に見れば、少年の心がよみがえる。

圃場整備後の田んぼには、トンボもメダカもほとんどいない。田んぼを駆ける子らは、何を感じ、何を思うのだろう。大人の論理で次代を担う子どもの論理を無視することの愚かしさは、もっと検討されてもよいのではないか。

すでに述べたように、圃場整備によって日本の田んぼの水環境は大きく変わった。

日本では、大陸諸国でふつうに見られるトビバッタの大群被害がなぜないのか。アメリカ大陸では帰化数年にして重要害草の一つに指定しなければならないほどの被害を出すマルバツユクサが、日本の農地では在来種として安定的に長年月にわたり存在しえたのはなぜか。日本の田んぼや畑が多様な生態系に囲まれていたからではなかったのか。

島全体がミカン園に開発され、生態系が単調化した瀬戸内海のある小島では、ミカン園のみでなく家庭の庭にまでマルバツユク

図14　田んぼで元気に遊ぶ子どもたち

サが侵入して除草困難な害草になっている。

生態的に不安定な耕地に生きる雑草たちは、第1章から第5章で見たように、彼らの進化の歴史のなかで種内に多くのサイトタイプを分化させ、種内多様性を増加させ、それを堅持していた。この多様性の保持こそが、地球に生きるための最高の、しかし最低限必要な条件であることを、雑草たちは教えてくれた気がする。

おわりに

雑草とは抜いて捨てるもの、農地の邪魔者というイメージが強い。雑草の染色体を研究するまでは、このイメージに後押しされて、雑草は全国一律、どこのツユクサもツユクサはツユクサ、キツネノボタンはキツネノボタンだという感覚で眺めていた。

ところが、雑草の染色体を調べてみると、それは誤りだということがすぐわかった。彼らはそれぞれ、地域の畑や田んぼに密着して種を分化させ、外見は同じでも、四国には四国のキツネノボタンが、北海道には北海道のキツネノボタンが生えていた。ツユクサには大陸との共通種もあった。しかし、日本独自のツユクサもたくさんあり、日本列島という狭い地理的広がりのなかで、場所が違えば、他所とは違った核型《かくがた》のツユクサが生えていた。

雑草と総称される一群の植物たちも、種分化の仕方は当然のことながら一律ではなかった。それぞれが独自の生物進化の歴史を背負い、自然との関わりをもつなかで種を分化させ、仲間の多様性を保持し、拡張していた。雑草たちのこの営みをわれわれはもっと重く見るべきではないだろうか。

雑草によるコメ収穫量の減少、農作業への負荷という雑草の負の側面は農家によって実体験的に、研究者によって定量的に報告もされている。しかし、彼らが農業に果たした役割はそうした負の側面だけではなかったように思えてくる。農道やあぜ、水路に多種多様な雑草が存在することで、水田環境は生物多様性を保持し、病虫害に強い栽培植物の育成・成長が無意識のうちに遂行されてきていたのではなかったのか。

雑草の存在は潜在的に、人の心にこの上ないうるおいと和やかさをもたらしていたことも見逃せない。キツネノボタン、ツユクサ、エノコログサ、イヌノフグリ、カヤツリグサ、カズノコグサ、スズメノカタビラ、カラスノエンドウなど、例示すればきりがないほどに人の生活に関わりの深い名が雑草たちに与えられている。先人たちは雑草を単なる厄介者としてだけ見ていたわけではなかったはずだ。日本人の生活のなかに、雑草が生き生きと入りこんでいたことが雑草たちの名から想像される。

一昔前の子どもたちは、遊びに疲れるとイタドリの若芽をかじり、チガヤの未熟な穂を口にして、疲れを癒した。ナワシロイチゴやクサイチゴの実は、美味で贅沢な自然からの贈り物であった。ヨモギの新芽は、よもぎ餅になったり、よもぎ粥になって人々の味覚を満足させるとともに、四季の移ろいに心をただよわせた。ホトケノザの小さな赤い花が見えはじめると、春が来たことを実感した。子どもの幼い感性は、こうして豊かに培われていったのだろう。

雑草の染色体を見ることで、これまであまり知られていなかった雑草の多様性や歴史性、地域自然との関わりについて、若干の理解を深めていただけたのではないかと思っている。

田んぼのあぜや小川の土手をコンクリートで固めることも必要かもしれない。しかし、大地のままに残せるところは残す努力をし、ツクシやタンポポ、カラスノエンドウ、カズノコグサなどの雑草たちに囲まれて、各種の小動物たちが、小鳥たちが活動し、そして子どもの歓声が元気にこだまする田園環境を再構築してほしいものだと願いつつ筆をおきたい。

なお、雑草の染色体研究では、植物収集のために多くの地域でたくさんの方々からさまざまなご援助をいただいた。お名前を記して謝意を表すべきですが掲載を省略しました。欠礼をお許しくださ い。

本書の刊行には築地書館社長・土井二郎さんの過分なご理解を、編集部の橋本ひとみさんからは原稿への適切なご指摘をいただいた。お礼申し上げます。

二〇〇九年一二月

藤島弘純

付記

第1章と第2章の地質学関係の文献は、赤木三郎（地質学、鳥取大学名誉教授）、および矢野孝雄（構造地質学、鳥取大学教授）両博士のご教示・ご協力に負うところが大きい。特に、矢野孝雄博士からは多くの文献の貸与を受けた。

また、第5章のインド産マルバツユクサの外部形態については、インドのユンム大学のV・カール博士から未発表の形態写真の貸与・閲覧を許され、懇切な助言をいただいた。

心からの謝意を表したい。

引用文献

第1章

藤島弘純（一九八二）「体細胞分裂の観察に周年的利用が可能なキツネノボタン」教材生物ニュース八七：一八四-一八九

Fujishima, H.（1986）Karyotype variations of ***Ranunculus japonicus*** Thunb. Jou. Fac. Educ. Tottori Univ., Nat. Sci. **35**: 43-54.

Fujishima, H.（1988）Cytological studies on the karyotype differentiation in ***Ranunculus silerifolius*** Léveille. Jou. Fac. Educ. Tottori Univ., Nat. Sci. **37**: 33-90.

Fujishima, H.（1990）Karyotype and variations of satellited chromosomes in ***Ranunculus sceleratus*** L. Jou. Fac. Educ. Tottori Univ., Nat. Sci. **39**: 161-164.

Fujishima, H., Ko, S. and Kang, S.（1995）Karyological studies of the ***Ranunculus cantoniensis*** grouped species from Korea. La Kromosomo **II-78**: 2701-2708.

Fujishima, H. and Kurita, M.（1974）Chromosome studies in Ranunculaceae, XXVI. Variation in karyotype of ***Ranunculus ternatus*** var. ***glaber***. Rep. Biol. Insti. Ehime Univ., Sci., Sor. B, **7**: 4-10.

福岡正信（一九八四）『自然に還る』春秋社

市原実（一九六六）「大阪層群と六甲変動」地球科学八五-八六号：一一一-一八

池田次郎（一九九八）『日本人のきた道』朝日新聞社

池橋宏（二〇〇五）『稲作の起源、イネ学から考古学への挑戦』講談社

Kasahara, Y.（1954）Studies on the weeds of arable land in Japan, with special reference to kinds of harmful weeds,

their geographic distribution, abundance, life-length, origin and history. Ber. Ohara Inst. F. Landw. Forsch. **10**: 72-115.
笠原安夫（一九七六ａ）「日本における作物と雑草の系譜（１）」雑草研究二一巻：一-五
笠原安夫（一九七六ｂ）「日本における作物と雑草の系譜（２）」雑草研究二一巻：四九-五五
笠原安夫（一九七九）「雑草性と起源および日本雑草の原産地」遺伝三一巻一一号：二-一〇
木村茂光（一九九六）『ハタケと日本人、もう一つの農耕文化』中央公論社
小泉源一（一九一九）「日本高山植物区系の由来及区系地理」植物学雑誌三三巻：一九三-二二二
栗田正秀（一九五五）「キンポウゲ科の細胞学的研究Ⅰ　キンポウゲ属の核型分析」植物学雑誌六八巻：九四-九七
Kurita, M.（1957）Chromosome studies in Ranunculaceae, III. Karyotypes of the subtribe Ranunculineae. Rep. Biol. Insti. Ehime Univ., No. 2: 1-8.
Kurita, M.（1958a）Chromosome studies in Ranunculaceae, VIII. Karyotype and phylogeny. Rep. Biol. Insti. Ehime Univ., No. 5: 2-14.
Kurita, M.（1958b）Chromosome studies in Ranunculaceae, IX. Comparison of chromosome volume between a 14- and a 16-chromosome species in ***Anemone*** and ***Ranunculus.*** Rep. Biol. Insti. Ehime Univ., No. 6: 1-7.
Levin, D.A.（2002）"The role of chromosomal change in plant evolution". Oxford Univ. Press, Oxford.
Levitzky, G.A.（1931）The "karyotype" in systematics. Bull. Appl. Bot. Genet. Plant Breed **27**: 187-240（cited from Sttebins, 1971）.
Lewis, H.（1962）Catastrophic selection as a factor in speciation. Evolution **16**: 257-271.
Lewis, H.（1966）Speciation in flowering plants - Rapid chromosome reorganization in marginal populations is a frequent mode of speciation in plants -. Science **15**: 147-172.
前川文夫（一九四三）「史前帰化植物について」植物分類地理一三巻：二七四-二七九
Maideliza, T. and Okada, H.（2005）Genetic diversification among cytotypes of ***Ranunculus silerifolius*** Lév.（Ranunculaceae）. Plant Species Bio. **20**: 105-120.

村田源・小山博滋（一九七六）「襲速紀要素について」国立科学博物館専報九号：一一一－一二一
仲尾佐助（一九七一）「史前帰化植物」遺伝二五巻一二号：二九－三三
中西弘樹（一九九四）『種子はひろがる、種子散布の生態学』平凡社
中橋孝博（二〇〇五）『日本人の起源』講談社
岡田博・田村道夫（一九七七）「キツネノボタンとケキツネノボタンにおける染色体多型現象について」植物研究雑誌五二巻：三六〇－三六八
大場秀章（二〇〇五）「植物一五　キレンゲショウマ」http://www.um.u-tokyo.ac.jp/publish-db/collection2/tennji-shokubutsu-15.html
佐藤洋一郎（二〇〇二）『稲の日本史』角川書店
Stebbins, G.L.（1971）『Chromosomal evolution in higher plants』Edward Arnold Publ. Ltd., London.
Takahashi, C.（2003）Physical mapping of rDNA sequences in four karyotypes of *Ranunculus silerifolius* (Ranunculaceae). J. Plant. Res. **116**: 331-336.
鷹取晟二（一九七九）「キツネノボタン種子の成熟と低温感受性」岡山大学教育学部研究集録五一号：三一一－三一六
Takatori, S. and Tamura, M.（1978）Thermo- and photo-induced germination of *Ranunculus quelpaertensis* seeds. Bull. Sch. Educ. Okayama Univ. No. 49: 1-11.
竹松哲夫・近内誠登・一前宣正・竹内安智（一九七五）「韓国の耕地雑草と除草剤」宇都宮大学農学部学術報告九巻二号：一三五－一五一
竹松哲夫・近内誠登・竹内安智・一前宣正（一九七六）「中国の耕地雑草と除草剤」宇都宮大学農学部学術報告九巻三号：九一－一〇七
館岡亜緒（一九八三）『植物の種分化と分類』養賢堂
宇井忠英（一九七三）「幸屋火砕流、極めて薄く拡がり堆積した火砕流の発見」火山第2集一八巻三号：一五三－一六八
渡部忠世ほか編（一九八七）『稲のアジア史3　アジアの中の日本稲作文化』小学館

第2章

Fujishima, H., Okada, H., Horio, Y. and Yahara, T.（1990）The cytotaxonomy and origin of ***Ranunculus yaegatakensis***, an endemic taxon of Yakushima Island. Bot. Mag. Tokyo **103**: 49-56.

初島住彦（一九八〇）「屋久島の植物」（松田好行編『屋久島の自然』一六八-一八〇）八重岳書房

木下亀城（一九四〇）「屋久島と種子島」（町田　一九七七：一九二-一九三から引用）地理学八巻：三三四-三三七

町田洋（一九七七）『火山灰は語る―火山と平野の自然史』蒼樹書房

Masamune, G.（1929）On new or noteworthy plants from the island of Yakushima I. Bot. Mag. Tokyo **43**: 249-252.

正宗厳敬（一九二九）『史跡名勝天然記念物調査報告書（第三輯）植物の部』鹿児島縣

松島美章・前田保夫（一九八五）『先史時代の自然環境――縄文時代の自然史』東京美術

岡田博・藤島弘純・矢原徹一（一九八五）「屋久島固有種ヒメキツネノボタンの細胞分類学的研究」植研六〇巻：一九六-二〇二

佐藤岱生・長浜春夫（一九七九）「屋久島西南部地域の地質」『地域地質研究報告：種子島9号』地質調査所

Tsukada, M.（1981）The last 12,000 years - The vegetation history of Japan, II. New pollen zones. Jap. J. Ecol. **31**: 201-215.

Tsukada, M.（1982a）Late-Quaternary development of the Fugus forest in the Japanese Archipelago. Jap. J. Ecol. **32**: 113-118.

Tsukada, M.（1982b）Late-Quaternary shift of Fagus distribution. Bot. Mag. Tokyo **95**: 203-217.

宇井忠英（一九七三）「幸屋火砕流」火山第2集一八：一五三-一六八

宇井忠英・福山博之（一九七二）「幸屋火砕流堆積物の14C年代と南九州諸火山の活動期」地質学雑誌七八巻：六三一-

六三三
Yahara,T., Ohba, H., Murata, J., and Iwatsuki, K.（1987）Taxonomic review of vascular plants endemic to Yakushima Island, Japan. J. Fac. Sci. Univ. Tokyo, Sect. 3, Bot. **14**: 69-119

第3章

Fujishima, H.（1984）Cytogenetical studies on F_1 hybrids between Ranunculus cantoniensis DC. and R. silerifolius Lév. Jpn. J. Genet. **59**: 205-214.

Fujishima, H. and Kurita, M.（1974）Chromosome studies in Ranunculaceae, XXVI. Variation in karyotype of ***Ranunculus terantus*** var. ***glaber***. Rep. Biol. Insti. Ehime Univ., Sci., Sor. B. **7**: 4-10.

Fujishima, H., Ko, S. and Kang, S.（1995）Karyological studies of the ***Ranunculus cantoniensis*** grouped species from Korea. La Kromosomo **II-78**: 2701-2708.

Kihara, H.（1929）Conjugation of homologous chromosomes in the genus hybrids ***Triticum*** × ***Aegilops*** and species hybrids of ***Aegilops***. Cytologi **1**（1）: 1-15.

木原均編著（一九五四）『小麦の研究』養賢堂

Kurita, M.（1955）Cytological studies in Ranunculaceae, I. The karyotype analysis in the genus ***Ranunculus***. Bot. Mag. Tokyo **68**: 94-97.

Okada, H. and Tamura, M.（1977）Chromosome variations in ***Ranunculus quelpaertensis*** and its allied species. Journ. Jap. Bot. **52**: 360-369.

Okada, H.（1984）Polyphyletic allopolyploid origin of ***Ranunculus cantoniensis***（4x）from ***R. silerifolius***（2x）× ***R. chinensis***（2x）. Pl. Syst. Evol. 148: 89-102.

Okada, H.（1989）Cytogenetical changes of offsprings from the induced tetraploid hybrid between ***Ranunculus silerifolius***（$2n=16$）and ***R. chinensis***（$2n=16$）(Ranunculaceae). Pl. Syst. Evol. 167: 129-136.
Sakamura, T.（1918）Kurze Mitteilung uber die Chromosomenzahlen und die Verwandtschaftsverhaltnisse der Triticum-Arten. Bot. Mag., **32**: 150-153.

第4章

Berger, C.A., La Fleur. A.L. and Witkus, E.K.（1952）C. mitosis in ***Commelina communis*** L. Heredity 43 : 243-247.
陳文華・渡部武編（一九八九）『中国の稲作起源』六興出版
藤島弘純（一九八一）「ツユクサ科植物の核学的研究Ⅵ、複合種ツユクサ ***Commelina communis complex*** の染色体数とその地理的分布」染色体Ⅱ-二一-二二一：六〇五-六一〇
藤島弘純・橘伸（一九七三）「ツユクサの生態種二種」遺伝二七巻（三）：六九-七三
Fujishima, H.（2003）Karyotypic diversity of ***Commelina communis*** L. in the Japanese Archipelago. Chromosome Science **7**: 29-41.
Fujishima, H., Won, J. and Lee, C.（2004）A karyological study in ***Commelina communis*** L. in the Korean Peninsula. Chromosome Science **8**: 33-44.
藤島弘純（二〇〇八）「ツユクサの栽培種オオボウシバナとその核型」生物教育四八巻：一・二（表紙説明）
福本日陽（一九六五）「ツユクサ属植物の染色体数と核型の再検討Ⅰ」染色体六二：二〇一三-二〇一七
福本日陽（一九七九）「ツユクサ属植物の染色体数と核型の再検討Ⅱ」染色体Ⅱ-一三：三五〇-三五四
池田次郎（一九九八）『日本人のきた道』朝日新聞社
Kasahara, Y.（1954）Studies on the weeds of arable land in Japan with special reference of kinds of harmful weeds,

their geographic distribution, abundance, life-length origin and history. Ber. Ohara Inst. f. landw. Forsch **10**: 72-1 15.
笠原安夫（一九七六ａ）「日本における作物と雑草の系譜１」雑草研究二一巻：一-五
笠原安夫（一九七六ｂ）「日本における作物と雑草の系譜２」雑草研究二一巻：四九-五五
前川文夫（一九四三）「史前帰化植物について」植物分類地理一三巻：二七四-二七九
松江重頼編（一六三八）『毛吹草』（坂本寧男・落合雪野　一九九八から引用）
箕作祥一（一九五三）「本邦産ツユクサ科植物の細胞遺伝学的研究」遺伝学雑誌二一巻：九二-九三
Morton, J.K.（1967）The Commelinaceae of West Africa. J. Linn. Soc.（Bot.）**60**: 167-221.
中橋孝博（二〇〇五）『日本人の起源』講談社
大井次三郎（一九七五）『日本植物誌（顕花植物篇）』三一五-三一八　至文堂
坂本寧男・落合雪野（一九九八）『アオバナと青花紙』サンライズ出版
佐藤洋一郎（二〇〇二）『稲の日本史』角川書店
杉本順一（一九六八）『日本草本植物総検索誌Ⅱ（単子葉篇）』井上書店
USDA（United States Department of Agriculture）（2009）Natural Resouces Conservation Service; http://plants.usda.gov/java/profile?symbol=COCO3
渡部忠世（一九七七）『稲の道』日本放送出版協会
王丰・金錦萍・王應紅・方益貨（一九九四）浙江鴨跖草属植物的核型研究 Guihaia **14**: 354-356.
Zheng, J., Gu, C. and Chen, R.（1987）Cytotaxonomical studies on Commelinaceae in China, 1. Chromosome numbers and karyotypes of some Chinese species. ***In*** Hong, D.（ed）Plant chromosome research: 363.

第5章

Alam, N. and Sharma, A.K.（1984）Trends of chromosome evolution in family Commelinaceae. The Nucleus **27**: 231-241.

Baquar, S.R. and Saeed, V.A.（1977）Aneusomaty in Commelina sp. from Southern West Pakistan. La Kromosomo **II-6**: 163-169.

Bhattacharya, B.（1975）Cytological studies in some Indian members of Commelinaceae. Cytologia **40**: 285-299.

Faden, R.B.（2007）Flora of North America, Online Vol. 22. http://www.efloras.org/

藤島弘純（一九八〇）「スイバの教材化Ｉ」教材生物ニュース六二：一七六－一八一

Fujishima, H.（2007）Karyotypic diversity of ***Commelina benghalensis*** L（Commelinaceae）. Chromosome Science **10**: 43-53.

Ganguly, J.K.（1946）The somatic and meiotic chromosomes of ***Commelina benghalensis*** Linn. Current Sci. **15**: 112.

Kammathy, R.V. and Rolla, S.R.（1961）Notes on Indian Commelinaceae II: Cytological observation. Bull. Bot. Surv. India **3**: 167-169.

Kaul, V., Sharma, N. and Koul, A.K.（2002）Reproductive effort and sex allocation strategy in Commelina ***benghalensis*** L., a common monsoon weed. Bot. J. Linnean Soc. **140**: 403-413.

Kaul, V., Koul, A.K. and Sharma, N.（2007）Genetic system of two ariny season weds; Commelina benghalensis L., and ***Commelina caroliniana*** Walter. Chromosome Botany **2**: 99-105.

Kihara, H. and Ono, T.（1923）Cytological studies on ***Rumex*** L., I. Chromosomes of ***Rumex acetosa*** L. Bot. Mag. Tokyo **37**: 84-90.

King, M.（1993）Species evolution; the role of chromosome change. Cambridge Univ. Press, New York.
岸由二ほか訳（一九九一）『進化生物学』（Futuyma, D.J., 1986, Evolution Biology, 2nd ed. Sinauer Assoc. Inc.）蒼樹書房
Kuroki, Y.（1976）Studies on the karyotypes of ***Rumex acetosa***. Mem. Ehime Univ. Nat. Sci., Ser. B（Biol.）, **8**: 8-85.
Levin, D.A.（2002）The role of chromosomal change in plant evolution. Oxford Univ. Press（Oxford）.
Lewis, W.H.（1964）Meiotic chromosomes in African Commelinaceae. Sida 1: 274-293.
Lewis, W.H. and Taddesse, E.（1964）Chromosome numbers in Ethiopian Commelinaceae. Kirkia **4**: 213-215.
Malik, C.P.（1961）Chromosome number in some Indian angiosperms: Monocotyledons. Sci. and Cult. **27**: 197-198.
Morton, J.K.（1956）Cytotaxonomic studies on the Gold Coast species of the genus ***Commelina*** Linn. J. Linn. Soc. Bot. **55**: 507-531.
Morton, J.K.（1967）The Commelinaceae of West Africa: A biosystematic survey. J. Linn. Soc. Bot. **60**: 167-221.
NAPPO（North American Plant Protection Organization）（2007）Pest Facts Sheet: ***Commelina benghalensis*** L http://www.nappo.org/PRA-sheets/Commelinabenghalensis.pdf
小野知夫（一九五〇）「性の決定に関する細胞学的基礎」遺伝学雑誌二五巻：二二一–二二六
小野知夫（一九六三）『植物の雌雄性』岩波書店
Panigrahi, G. and Kammathy, R.V.（1964）Cytotaxonomic studies in certain species of Commelina Linn. in eastern India. J. Indian Bot. Soc. **43**: 294-310.
Sharma, A.K.（1955）Cytology of some of the members of Commelinaceae and its bearing on the interpretation of phylogeny. Genetica **27**: 323-363.

第6章

青葉高（一九八一）『ものと人間の文化史43　野菜』法政大学出版会
荒井綜一（一九九四）『水と生活』財団法人家庭クラブ
小泉武栄（二〇〇九）『日本の山と高山植物』平凡社
佐藤洋一郎（一九九九）『森と田んぼの危機、植物遺伝学の視点から』朝日新聞社

著者紹介

藤島弘純（ふじしま・ひろすみ）

一九三三年　愛媛県松山市生まれ。

一九六二年　愛媛大学教育学部卒業。理学博士。

高校教諭を経て、鳥取大学教育学部助教授、教授、附属教育実践研究指導センター長（併任）などを歴任し、一九九九年定年退官。

現役時代は、田畑の雑草の種分化についての生態遺伝学的研究のほかに、附属小学校の教師と共同で五感に働きかける理科授業や、生命の神秘を実感する社会人向けの理科講座などを実践。

本書は、ライフワークとして中国や韓国の研究者と共同で取り組んできた、キツネノボタンやツユクサなど雑草の種分化の機構を遺伝学的・生態学的に解明する研究の現時点での成果をまとめたもの。よく目にする雑草の染色体から、彼らが日本の風土にどのように適応して生きてきたのかを明らかにするとともに、雑草がもたらす豊かな自然を概観する。

現住所　鳥取県鳥取市美萩野三－一〇五

雑草の自然史
染色体から読み解く雑草の秘密

二〇一〇年三月三〇日　初版発行

著者――藤島弘純
発行者――土井二郎
発行所――築地書館株式会社
東京都中央区築地七-四-四-二〇一　〒一〇四-〇〇四五
電話〇三-三五四二-三七三一　FAX〇三-三五四一-五七九九
ホームページ=http://www.tsukiji-shokan.co.jp/
印刷・製本――シナノ印刷株式会社
装丁――吉野　愛

 ISBN 978-4-8067-1397-5 C0045

くわしい内容はホームページで。URL=http://www.tsukiji-shokan.co.jp/

●百姓仕事と生き物の本

野の花さんぽ図鑑

長谷川哲雄［著］　◎5刷　二四〇〇円＋税

植物画の第一人者が、花、葉、タネ、根、季節ごとの姿、名前の由来から花に訪れる昆虫の世界まで、野の花三七〇余種を、花に訪れる昆虫八八種とともに二十四節気で解説。写真では表現できない野の花の表情を、美しい植物画で紹介。巻末には、植物画特別講座付き。

百姓仕事がつくるフィールドガイド
田んぼの生き物

飯田市美術博物館［編］　◎2刷　二〇〇〇円＋税

田起こし、代掻き、稲刈り……四季の水田環境の移り変わりとともに、そこに暮らす生き物の写真ガイド。魚類、爬虫類、トンボ類などを網羅した決定版。

「百姓仕事」が自然をつくる
2400年めの赤トンボ

宇根豊［著］　◎4刷　一六〇〇円＋税

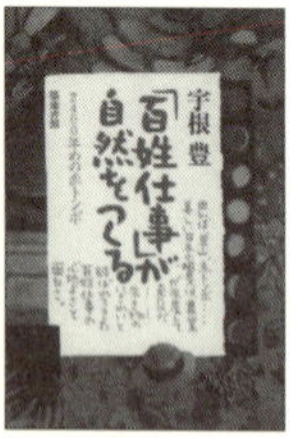

田んぼ、里山、赤トンボ、畔に咲き誇る彼岸花……美しい日本の風景は、農業が生産してきたのだ。生き物のにぎわいと結ばれてきた百姓仕事の心地よさと面白さを語り尽くす、ニッポン農業再生宣言。

田んぼで出会う花・虫・鳥
農のある風景と生き物たちのフォトミュージアム

久野公啓［著］　二四〇〇円＋税

百姓仕事が育んできた生き物たちの豊かな表情を、オールカラーで紹介。そっと近づいて田んぼの中に眼をこらしてみよう。カエルが跳ね、色とりどりの花が咲く、生き物たちの豊かな世界が見えてくる。

◎総合図書目録進呈。ご請求は左記宛先まで。
〒一〇四―〇〇四五　東京都中央区築地七―四―四―二〇一　築地書館営業部
《価格（税別）・刷数は、二〇一〇年三月現在のものです。》

くわしい内容はホームページで。URL=http://www.tsukiji-shokan.co.jp/

●カビ・キノコの本

ふしぎな生きものカビ・キノコ

菌学入門

マネー［著］　小川真［訳］　◎2刷　二八〇〇円＋税

人間が出現するはるか昔に地球上に現われた菌類は、地球の物質循環に深くかかわってきた。菌が地球上に存在する意味、菌の驚異の生き残り戦略、菌に魅せられた人びとなどを楽しく解説した菌学の入門書。

チョコレートを滅ぼしたカビ・キノコの話

植物病理学入門

マネー［著］　小川真［訳］　二八〇〇円＋税

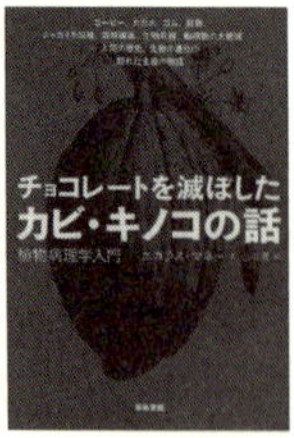

恐竜の絶滅から生物兵器まで、地球の歴史、人類の歴史の中で大きな力をふるってきた生物界の影の王者カビ・キノコの知られざる生態を、豊富なエピソードを交えて描く植物病理学の入門書。

森とカビ・キノコ

樹木の枯死と土壌の変化

小川真［著］　二四〇〇円＋税

日本列島の森でマツやサクラなど多くの樹木が大量枯死している。病原菌や害虫が原因なのか。薬剤散布の影響や、酸性雨による大気や土壌の汚染が関係するのか。樹木の枯死現象の謎に菌類学の第一人者が迫る。

炭と菌根でよみがえる松

小川真［著］　二八〇〇円＋税

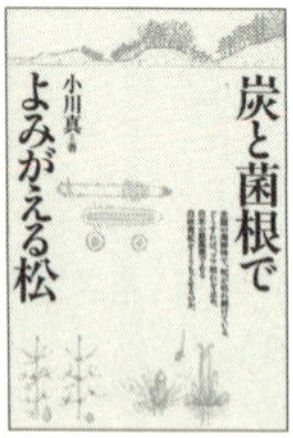

いま、全国の海岸林で松が枯れ続けている。どのようにすれば、松枯れを止め、松林を守れるのか。四〇年間、マツ林の手入れ、復活を手がけてきた著者による、各地での実践事例を紹介し、マツの診断法、松林の保全、復活のノウハウを解説した。